建设工程质量检测人员培训丛书
胡贺松　丛书主编

工程安全监测

刘炳凯　主　编

朱　烈　李　岩　副主编

中国建筑工业出版社

图书在版编目（CIP）数据

工程安全监测 / 刘炳凯主编；朱烈，李岩副主编.
北京：中国建筑工业出版社，2025.5. -- (建设工程质
量检测人员培训丛书 / 胡贺松主编). -- ISBN 978-7
-112-31144-6

Ⅰ. TU714

中国国家版本馆 CIP 数据核字第 2025UQ5351 号

责任编辑：杨　允
责任校对：芦欣甜

建设工程质量检测人员培训丛书

胡贺松　丛书主编

工程安全监测

刘炳凯　主　编

朱　烈　李　岩　副主编

*

中国建筑工业出版社出版、发行（北京海淀三里河路 9 号）

各地新华书店、建筑书店经销

国排高科（北京）人工智能科技有限公司制版

廊坊市文峰档案印务有限公司印刷

*

开本：787 毫米×1092 毫米　1/16　印张：8½　字数：213 千字

2025 年 7 月第一版　　2025 年 7 月第一次印刷

定价：32.00 元

ISBN 978-7-112-31144-6

（44761）

丛 书 编 委 会

本 书 编 委 会

主　　编：刘炳凯

副 主 编：朱　烈　李　岩

编　　委：赵朋杰　赵　展　任红霞　关应良　杨　卓
　　　　　　冀春杰　崔梓江

序

建设工程质量检测监测，乃现代工程建设之命脉，承载着守护工程安全与品质之重任。随着建造技术革新浪潮奔涌、材料与工艺迭代日新月异，检测行业亦面临前所未有的挑战与机遇。检测工作不仅需为工程全生命周期提供精准数据支撑，更需以创新之力推动行业向绿色化、智能化、标准化纵深发展。在此背景下，培养兼具理论素养与实践能力的专业人才，实为行业高质量发展的关键基石。

"建设工程质量检测人员培训丛书"应势而生。此丛书由广州市建筑科学研究院集团有限公司倾力编纂，凝聚四十余载技术积淀，博采行业前沿成果，体系严谨、内容丰实。丛书十二分册，涵盖建筑材料、主体结构、节能幕墙、市政道路、桥梁地下工程等核心领域，更兼实验室管理与安全监测等专项为容，既立足基础，又紧扣时代脉搏。尤为可贵者，各分册编写皆以"问题导向"为纲，如《主体结构及装饰装修检测》聚焦施工质量隐患诊断，《工程安全监测》剖析风险预警技术，《建筑节能检测》则直指"双碳"目标下的绿色建筑评价体系。凡此种种，皆彰显丛书对行业痛点的精准回应与前瞻引领。

丛书之价值，尤在其"知行合一"的编撰理念。检测工作绝非纸上谈兵，须以理论为帆，以实践为舵。书中每一章节以现行标准为导向，辅以数据图表与操作流程详解，使晦涩标准化为生动指南。编写团队更汇集数位资深专家，其笔锋既透学术之严谨，又蕴实战之智慧。

"工欲善其事，必先利其器"。此丛书之意义，非止于知识传递，更在于精神传承。书中字里行间，浸润着编者"精益求精、守正创新"的行业匠心。冀望读者持此卷为舟楫，既夯实检测技术之根基，亦淬炼科学思维之锐度，以专业之力筑牢工程品质长城，以敬畏之心守护万家灯火安然。愿此书成为检测同仁案头常备之典，助力中国建造迈向更高、更远、更强之境。

是为序。

博士、教授级高工

前　言

FOREWORD

　　《工程安全监测》一书系统讲解了工程项目安全监测的方法与实施细则，力求为工程技术人员、监测人员及管理者提供全面、专业的安全监测理论与实践指导。本书内容涉及基坑工程、边坡工程、高大支模、结构工程及桥梁工程五大方面，各部分从前期准备工作、正式监测、监测结束及监测管理等多个维度展开论述。

　　本书深入探讨工程监测的关键环节，包括监测需求分析、方案制定、监测点布设、数据采集与处理及监测成果展示，旨在通过专业监测提升工程安全，降低事故风险。书中强调监测管理的核心作用，其中涵盖人员、设备及物资管理等方面，确保监测流程高效运作，并详尽介绍现场安全检查、监测平台操作、数据分析与应急预案制定等实用技巧。此外，书末还附有现场检查记录与监测测点示意图，为实践操作提供有力指导。本书适用于基坑工程监测人员培训，同时也可供工程技术人员、监管人员及相关专业师生学习参考。

　　全书分为 5 章，由刘炳凯主编；第 1 章为基坑工程监测，由李岩编写；第 2 章为边坡工程监测，由赵朋杰编写；第 3 章为高大支模监测，由朱烈编写；第 4 章为结构工程监测，由崔梓江、关应良、任红霞编写；第 5 章为桥梁工程监测，由赵展编写；全书由杨卓、冀春杰进行统稿。本书内容涵盖监测准备工作及监测全流程的各个环节，包括监测点的选择与设备安装、数据的采集与处理，以及监测结果的分析与展示。此外，本书还探讨了监测管理，涉及人员、仪器及材料管理，并介绍了如何利用监管平台进行项目管理。书中还提供了特定监测工程的基础术语释义，帮助读者加深理解并促进相关概念的交流。

　　本书特别感谢丛书主编胡贺松教授级高级工程师的策划、组织和指导；本书的编写也凝聚了各位编委的辛勤付出与无私奉献，他们毫无保留地分享了各自在工程监测领域的宝贵经验与知识。

　　衷心希望本书能为工程监测领域的专业人士提供有益参考，并为相关领域的学习者提供系统、专业的学习资源。

目　录

CONTENTS

第 1 章

基坑工程监测

1.1 概述

1.1.1 基坑监测简介

基坑监测是指在基坑开挖施工过程中，借助仪器设备和其他部分手段对围护结构、周围环境（土体、建筑物、构筑物、道路、地下管线等）应力、位移、倾斜、沉降、开裂及对地下水位动态改变、土层孔隙水压力改变等进行综合监测。依据前段开挖期间监测到土体变位动态等多种行为表现，提取大量岩土信息，立即比较勘察、设计所预期性状和监测结果差异，对原设计结果进行评价，并判定现行施工方案合理性。经过反分析方法计算和修正岩土力学参数，估计下阶段施工过程中可能出现新动态，为优化和合理组织施工提供可靠信息，对后期开挖方案和开挖步骤提出建议，对施工过程中可能出现险情进行立即预报。当有异常情况时，经设计论证采取必需工程方法，将问题消灭在萌芽状态，以确保工程安全。

基坑监测目的：

（1）通过将监测数据与预测值作比较，判断上一步施工工艺和施工参数是否符合或达到预期要求，同时实现对下一步的施工工艺和施工进度控制，从而切实实现信息化施工。

（2）通过监测及时调整开挖方案，使整个基坑开挖过程能处于安全可控的范畴内。

（3）通过监测尽早发现基坑渗漏问题，并提请施工单位进行及时、有效的堵漏，防止施工中发生大面积坑底突涌现象。

（4）将现场监测结果反馈设计单位，使设计能根据现场工况发展，进一步优化方案，达到优质安全、经济合理、施工快捷的目的。

（5）施工中应遵循"动态设计，信息化施工"的原则，及时将监测数据提交给设计人员，监理人员，施工单位，监测报告必须要有评价意见，应会同设计人员共同分析监测数据，必要时应调整设计施工，提出加固措施。

1.1.2 参考规范标准

（1）国家标准《建筑地基基础设计规范》GB 50007—2011

（2）国家标准《工程测量标准》GB 50026—2020

（3）国家标准《建筑基坑工程监测技术标准》GB 50497—2019

（4）国家标准《城市轨道交通工程监测技术规范》GB 50911—2013

（5）行业标准《建筑基坑支护技术规程》JGJ 120—2012

（6）行业标准《建筑变形测量规范》JGJ 8—2016

（7）广东省标准《建筑基坑工程技术规程》DBJ/T 15—20—2016

1.1.3 基坑监测分级

依据行业标准《建筑基坑支护技术规程》JGJ 120—2012 要求，基坑支护设计应规定其设计使用期限。基坑支护的设计使用期限不应小于一年。基坑支护应满足下列功能要求：

（1）保证基坑周边建（构）筑物、地下管线、道路的安全和正常使用。

（2）保证主体地下结构的施工空间。

基坑支护设计时，应综合考虑基坑周边环境和地质条件的复杂程度、基坑深度等因素，按表 1.1-1 采用支护结构的安全等级。对同一基坑的不同部位，可采用不同的安全等级。

支护结构的安全等级　　　　　　　　　　　　　　　　　　　　表 1.1-1

安全等级	破坏后果
一级	支护结构失效、土体过大变形对基坑周边环境或主体结构施工安全的影响很严重
二级	支护结构失效、土体过大变形对基坑周边环境或主体结构施工安全的影响严重
三级	支护结构失效、土体过大变形对基坑周边环境或主体结构施工安全的影响不严重

1.1.4 基坑监测项目

基坑监测按监测项目分类详见《建筑基坑工程监测技术标准》GB 50497—2019 表4.2.1。按监测参数可分为围护墙（边坡）顶部水平位移、围护墙（边坡）顶部竖向位移、深层水平位移（测斜）、立柱竖向位移、围护墙内力、支撑轴力、立柱内力、锚杆轴力、坑底隆起、围护墙侧向土压力、孔隙水压力、地下水位、土体分层竖向位移、周边地表竖向位移、周边建筑竖向位移/倾斜/水平位移、周边建筑裂缝、地表裂缝、周边管线竖向位移/水平位移、周边道路竖向位移、坑顶水平位移、坑顶竖向位移、地下水、渗水与降雨关系等。

1.2 前期准备工作

1.2.1 现场踏勘

项目开始前，需要实地了解现场施工进度及周边环境情况，现场踏勘的关键内容包含：

（1）了解建设方和相关单位对监测的要求。

（2）工地所处地理位置、交通情况。

（3）工地现实状况面貌、用地范围、周围情况。

（4）关键核查周围管线、建（构）筑物类型和分布是否和相关资料一致，有没有其他未知情况，并推测基坑开挖对这些邻近环境影响程度，初步确定监测关键或难点。

1.2.2 监测方案

1.2.2.1 资料收集

资料内容最少包含：

（1）基坑支护设计文件。

（2）岩土工程勘察报告。

（3）基坑影响范围内地下管线图及地形图。

（4）周围建（构）筑物情况（建筑年代、基础和结构形式）。

（5）专项施工方案（施工工期计划）。

（6）其他需要相关资料。

1.2.2.2　方案编写

监测方案宜包含以下内容：

（1）工程概况、周边环境情况。

（2）监测依据及目的。

（3）工程监测风险源分析及应对措施。

（4）监测内容及监测点布设原则。

（5）基准点、工作基点、监测点的布设及监测方法。

（6）监测人员配备及使用的主要仪器设备。

（7）监测周期及监测频率。

（8）监测组织与实施。

（9）现场安全巡视。

（10）监测数据整理、分析与信息反馈。

（11）监测预警、异常及危险情况下的监测措施。

（12）监测工作质量目标及保证措施。

（13）安全文明作业保证措施。

（14）工期及保证措施。

（15）监测布置图及工程地质剖面图。

（16）人员资质及仪器检定证书。

1.2.2.3　方案专家论证

1）是否需要专家论证判定标准及要求

参考国家标准《建筑基坑工程监测技术标准》GB 50497—2019，下列基坑工程的监测方案应进行专项论证：

（1）邻近重要建筑、设施、管线等破坏后果很严重的基坑工程。

（2）工程地质、水文地质条件复杂的基坑工程。

（3）已发生严重事故，重新组织施工的基坑工程。

（4）采用新技术、新工艺、新材料、新设备的一、二级基坑工程。

其他需要论证的基坑工程。

参考《广州市城市建设委员会关于加强地下工程和深基坑安全监测方案管理的通知》穗建质〔2024〕475 号文中对监测方案应进行专项论证的要求如下：

安全等级为一级（含环境风险等级一级、部分剖面一级）的基坑监测方案可单独论证，评审专家从市建设科技中心公布的危大工程专家库中选取 3 名基坑监测专家、1 名基坑设计专家和 1 名基坑施工专家组成。其他基坑可按以上要求或原管理要求评审。本工程项目参建单位人员以及与本工程项目存在利害关系的人员不能作为专家组成员。专家评审前监测方案应经过监测单位审核和总监理工程师审查。监测方案按评审要求修改后，经监测单位技术负责人审核签字、加盖单位公章，并由设计、监理、建设单位审查后方可实施。

2）专家论证前准备工作

（1）专家论证前的监测方案需经监理签字盖章。

（2）与施工单位确定好方案评审时间和会议地址。

（3）联系专家，和专家确定好时间、地址并把方案提前发给专家熟悉。

（4）准备好方案审查表和专家费签收表。

（5）提前半小时到达会议现场，检查资料是否齐全，引导专家入座。

3）方案专家论证汇报

（1）介绍与会各方。

（2）选取专家组组长。

（3）汇报方案。

主要介绍监测范围，周边环境中重要的建（构）筑物管线，支护结构等级，典型断面支护结构，监测重难点及采取的措施，监测内容数量及监测方法等。

（4）参建各方补充。

（5）专家提问。

（6）专家汇总意见并宣读。

（7）专家署名。

1.2.3 安全交底

进场作业之前由公司（部门）安全负责人和项目负责人对现场作业人员进行安全教育，签署安全技术交底表（一式两份），留档备查。

安全技术交底内容：

（1）严格执行有关标准规范和安全生产规定，仪器设备包含有效的计量检定（校准）证。每个监测项目要做到"三同"（同人、同仪器、同观测线路）。

（2）进入现场，必须戴好安全帽，正确使用个人劳动防护用具。不准穿拖鞋。

（3）注意作业区环境状况和安全警示标志，交叉作业时注意预防可能发生的高空坠物和地面障碍。立尺环境复杂时要谨慎，确保安全。

（4）当基坑明显存在危险时，立尺人员不应入内，可采用固定标志监测。

（5）禁止倚靠基坑周围的护栏，防止坠落事故发生。注意场地的线路，防止触电。

（6）监测结果有异常时应连续监测，并及时向项目负责人报告。

1.2.4 布点准备

（1）布点材料

主要包括按监测方案准备充足的预埋测斜管、锚索测力计、支撑轴力计、监测点标识牌、观测墩平台，需要安装自动化的项目还需统计自动化设备安装数量。所有布点材料均应提前申购，以免影响布设监测点。

（2）布点工具

电钻、手磨机、螺钉旋具（螺丝刀）、手钳等。

1.3　正式监测

1.3.1　基准点埋设

利用现场已有的稳定的受施工影响小的施工基准点以及埋设的监测基准点，建立施工现场的首级变形监测控制网。监测基准点满足以下要求：在场区变形影响区域以外、位置稳定、易于长期保存的地方，按照相关规范要求埋设布置 3 个以上水平位移基准点和水准基准点。基准点均匀分布于基坑外围，相互间通视，组成的导线网覆盖整片场地，满足施工现场工作基点的设置。工作基点布置在场区内影响较小、易于保存、稳固且便于观测的地方，建立二级变形控制网，并与首级变形控制网联测。为减少对中误差，工作基点设置为强制对中观测墩。软土地区首级控制网与二级控制网联测频率，在基坑开挖阶段每半月联测一次，非开挖阶段每月联测一次，特殊情况下进行加密联测。基准点埋设大样图如图 1.3-1 所示。

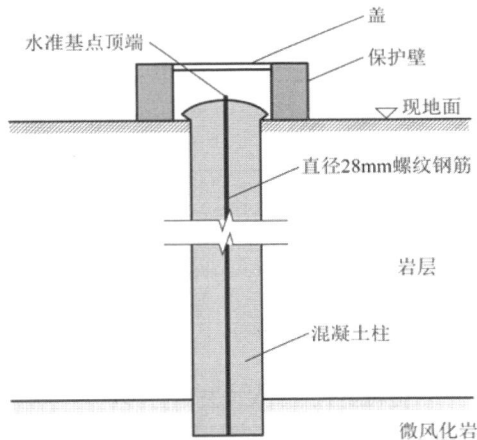

图 1.3-1　基准点埋设大样图

1.3.1.1　平面基准网的布设及控制测量

（1）根据现场场地及通视情况，可利用工程项目周边已建成建筑物及构筑物，通过在建筑物上安装 3 个以上固定棱镜作为首级控制点，如图 1.3-2 所示，采用自由设站和三角高程测量的方法，建立首级控制点与工作基点及监测点的空间平面位置关系。自由设站时首级控制点与工作基点所形成夹角控制在 $60°\sim150°$。通过三角高程测量观测各首级控制点间的高差，可校核首级控制点的稳定性。通过增加测回数，进行平差，提高测量精度。监测过程中计算平面控制点间的斜距及高差变化，如变化较大时，进行修正，重新取值观测。

（2）两级平面控制网均采用二等位移观测等级的平面控制网标准，主要技术要求见表 1.3-1～表 1.3-4。

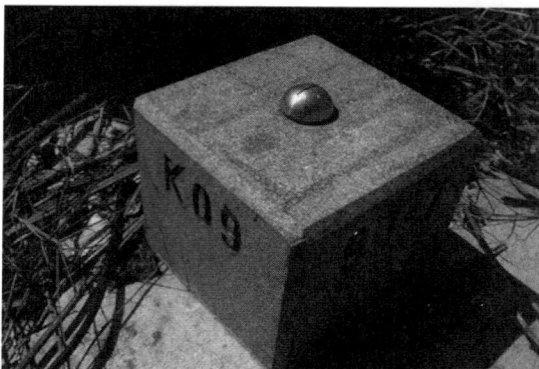

图 1.3-2　平面控制点示意图

二等水平位移监测基准网的主要技术要求　　　表 1.3-1

等级	相邻基准点的点位中误差/mm	平均边长/m	一测回水平方向标准差/″	测距中误差	水平角观测测回数（0.5″/1″级仪器）
二等	3.0	≤ 500	≤ 1.0	≤（1mm + 2ppm）	2/4

水平角方向观测限差的技术要求　　　表 1.3-2

等级	仪器精度等级	半测回归零差/″	一测回内 2C 互差/″	同一方向值各测回较差/″	观测测回数
二等	0.5″级仪器	3	5	3	2
	1″级仪器	6	9	6	4

距离观测技术要求　　　表 1.3-3

全站仪测距标称精度	一测回读数间较差限差/mm	测回间较差限差/mm	往返测较差限差/mm	气象数据测定最小读数	
				温度/℃	气压/mmHg
1mm + 1ppm	3.0	4.0	6.0	0.2	0.5

位移观测距离长度及测回数要求　　　表 1.3-4

全站仪测距标称精度	等级	距离长度/m	观测测回数
0.5″，1mm + 1ppm	二等	≤ 500	1
1″，1mm + 2ppm	二等	≤ 300	2

（3）水平角观测的技术要求应符合以下规定：水平角观测宜采用方向观测法。当方向数不多于 3 个时，可不归零；特等、一等网点亦可采用全组合观测角法。导线测量中，当导线点上只有两个方向时，应按左、右角观测；当导线点上多于两个方向时，应按方向法观测。水平角观测的技术要求见表 1.3-1。

（4）待埋设的控制点稳固后，按照二等位移观测等级的技术要求进行平面控制网观测，建立首级平面控制。至少进行 2 次平面控制网观测，取 2 次合格的平面控制网严密平差成果的平均值作为首级平面控制网控制点的成果值。在工作基点埋设完成，并稳固后，与首级平面控制网联测，按照二等位移观测等级的技术要求进行平面控制网观测，建立二级平面控制网。至少进行 2 次平面控制网观测，取 2 次合格的平面控制网严密平差成果的平均值作为工作基点的初始成果值。在基坑开挖期间定期（开挖深度大于三分之二基坑开挖深度至底板浇筑前，每月联测一次，其余阶段 3 个月联测一次）对工作基点进行联测，校核工作基点和监测工作控制点，联测结果出现较大差异时进行修正。

1.3.1.2　高程基准网的布设及控制测量

高程基准点为垂直变形监测控制点，埋设位置在场区影响范围外，避开交通干道主路、地下管线、仓库堆栈、水源地、河岸、松软填土、滑坡地段、机械振动区以及其他可能使标石、标志易遭腐蚀和破坏的地方，稳定且易于长期保存。根据基坑周边环境，利用本项目周边稳定的桥墩桥台或者稳定的基础埋设 3 个高程基准点，建立独立高程系。高程基准控制网按两级布设，起始、闭合于首级基准点，观测首级控制点高程。布设的首级高程控制点按照二等水准观测技术要求施测。技术要求如表 1.3-5 和表 1.3-6 所示。

数字水准仪观测要求　　　　　　　　　　　　　表 1.3-5

沉降观测等级	视线长度/m	前后视距差/m	前后视距差累积/m	视线高度/m	重复观测次数/次
一等	≥ 4 且 ≤ 30	≤ 1.0	≤ 3.0	≤ 0.65	≥ 3
二等	≥ 3 且 ≤ 50	≤ 1.5	≤ 5.0	≤ 0.55	≥ 2

注：在室内作业时，视线高度不受本表限制。

数字水准仪观测限差（单位：mm）　　　　　　　表 1.3-6

沉降观测等级	两次读数所测高差之差限差	往返较差及附合或环线闭合差限差	单程双测站所测高差较差限差	检测已测段高差之差限差
一等	0.5	$0.3\sqrt{n}$	$0.2\sqrt{n}$	$0.45\sqrt{n}$
二等	0.7	$1.0\sqrt{n}$	$0.7\sqrt{n}$	$1.5\sqrt{n}$

注：n 为测站数。

平面监测控制点及控制网满足以下要求：在场区变形影响区域以外、位置稳定、易于长期保存的地方，按照相关规范要求埋设布置 3 个以上水平位移控制点。控制点均匀分布于基坑外围，相互间通视，组成的导线网覆盖整片场地；自由设站时基准点与工作基点所形成夹角控制在 60°～150° 之间。

为减少对中误差，工作基点设置为强制对中观测墩，如图 1.3-3 所示。观测墩首先应满足每次监测时稳定可靠，其次要与后视点通视并且能尽可能多地覆盖监测点。

图 1.3-3　平面控制点示意图

1.3.2 监测点埋设及安装

1.3.2.1 基坑顶水平/竖向位移监测点埋设

基坑顶部的水平和竖向位移监测点沿基坑周边布置，重点布置在周边中部、阳角处。围护结构顶水平竖向位移监测点主要参照设计提供监测平面图布设，具体布置方法：在冠梁施工完毕后，用冲击钻钻孔，埋设专用监测点测钉（徕卡卡口标志），使用植筋胶进行固定，做好明显标记及保护装置以防破坏，或者在边坡或者冠梁上预埋钢筋或者钻孔打膨胀螺栓，用于固定底座，在中间圆筒支架上方安装小棱镜，在监测点外侧采用小保护盒（尺寸 12cm×12cm）防护（图 1.3-4），大大减小测钉受施工的影响。如测点有破坏，应立即恢复。

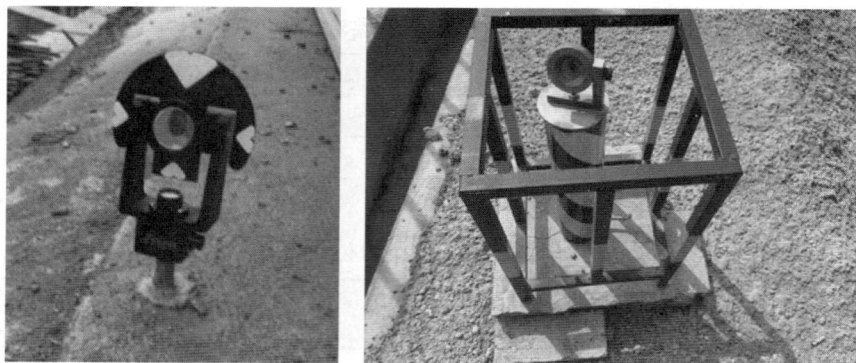

图 1.3-4　水平及竖向位移监测点

1.3.2.2 竖向位移监测点埋设

从基坑边缘以外 1～3 倍基坑开挖深度范围内需要保护的周边环境应作为监测对象。必要时扩大监测范围。根据基坑周边环境情况，基坑周边地表沉降点具体见监测平面布置图。具体测点埋设方法如下：

（1）周边地表及管线沉降点采用小型钻机以直径约 100mm 的钻头进行钻孔，用铁锤打入直径 20～25mm、顶部加工为半圆球的螺纹钢，螺纹钢顶部刻有十字丝，埋入土层至少 1m，顶部稍低于路面，然后用砂填孔，避免与外界物体碰触，便于监测；孔的上部埋设有活动圆盖的塑料加工件；或高于地面，采用 150mm 的 PVC 管灌注水泥作为保护，钢筋头高于 PVC 管顶面。并涂红漆做好明显标记，以防破坏。

（2）分层沉降点可采用分层沉降计、沉降磁环组合观测。安装方法如下：①首先确定监测点位，按照设计图纸坐标在工地现场放样分层沉降监测点点位并找相关单位确认监测点位置，钻孔时严格按照钻孔深度，并邀请地下构筑物保护单位现场巡视检查，避免超钻，破坏地下构筑物；②用 φ108 钻头钻孔，为了使管子顺利地放到底，一般都需比安装深度深一些，原则是 10m＋0.5m，20m＋1m，以此类推；③清孔，钻头钻到预定的位置后，不要立即提钻，需把用泵向下灌清水，直至泥浆水变成清混水为止，再提钻后安装；④安装管子的连接采用外接头，边下管子，边向管子内注入清水（管子浮力太大时）；⑤磁环的安装，按设计要求在每节管子上套上磁环和定位环，并用螺钉固定定位环，然后再把管子插入外接头内，拧紧螺钉，边接边向下放到设计深度为止。⑥若磁环的间隔距离不是 2m 时，可采取调节管子长短来实现，也可采用管子上套定位环的办法解决，但磁环向下要有足够的沉降距离，必须满足其设计要求。⑦沉降管放到设计要求后，盖上盖子就可以回填。回填原料为现场干细土或中粗砂，回填速度不宜太快，以免堵塞后形成空隙，隔一两天后再去检查，填料下沉后再填满即可，管子周围加上保护措施，待以后测量（图 1.3-5）。

（3）周边建筑物沉降点。可以在建筑物承重结构上钻孔埋设沉降钉或贴沉降贴纸。如有破坏，立即修复，如图 1.3-6 所示。

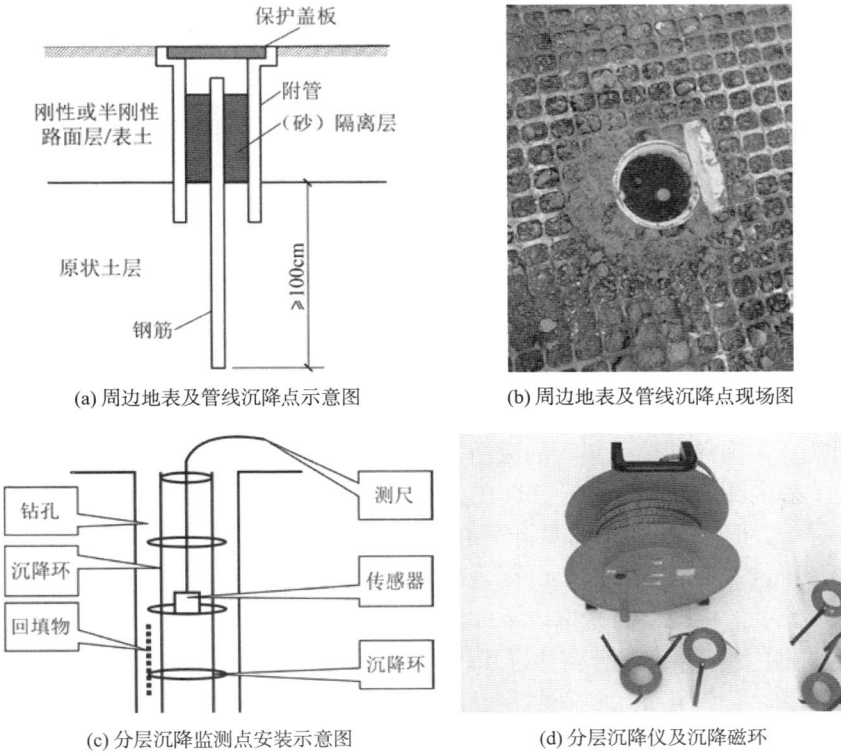

(a) 周边地表及管线沉降点示意图

(b) 周边地表及管线沉降点现场图

(c) 分层沉降监测点安装示意图

(d) 分层沉降仪及沉降磁环

图 1.3-5　周边地表、管线、分层沉降点示意图

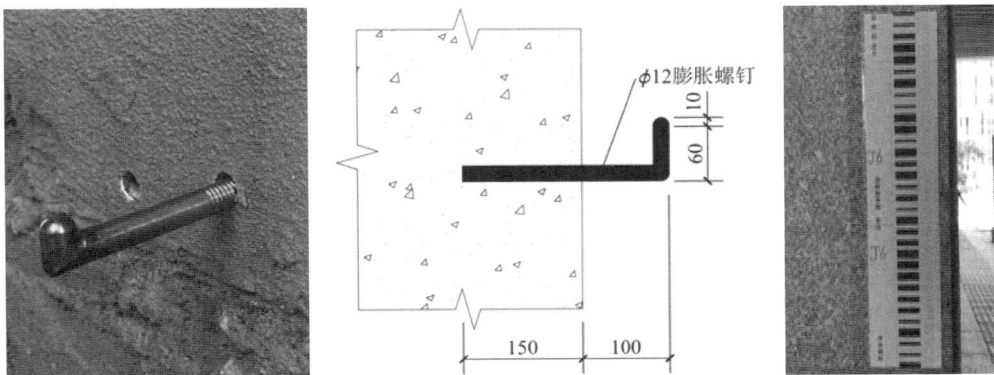

图 1.3-6　周边建筑物沉降点示意图

1.3.2.3 深层水平位移监测点埋设

1）支护桩深层水平位移监测点宜布置在基坑周边的中部、阳角处及有代表性的部位。监测点水平间距宜为 20~50m，每边监测点数目不应少于 1 个。项目深层水平位移监测点宜参照设计提供的基坑监测平面布置图布置，个别点位受场地条件限制可进行调整。测斜孔埋设安装方法：按监测平面布置图位置埋设测斜管，测斜管采用专用 PVC 管，管内有互成 90°角的四个导向槽用以调整方向，使其中一对导槽平行于支护面，而另一对导槽则垂直于支护面且指向开挖面。

支护桩测斜管埋设方法及步骤：

（1）测斜管安装于支护桩钢筋笼内，沿着主筋绑扎牢靠。测斜孔应与水平位移监测点尽量靠近，或布置在同一根桩上。

（2）在连接测斜管时，要保证接头及导槽对接好，使导槽保持连续呈直线；接头处及管底用铆钉紧密连结并密封。

（3）控制一对导槽的方向与冠梁（支护结构）走向一致，使其中一对导槽平行于支护面。

（4）吊装时，保证装有测斜管的钢筋笼匀速、缓缓地下放至孔底，浇筑混凝土后与支护桩成为一体，并使测斜管略高于冠梁底面约 30cm，以便后期保护措施及接长。

（5）如若冠梁施工时需要破桩头，在预埋有测斜管的支护桩上，应注意保护测斜管。测斜管露出冠梁底部分约 30cm，采用钢管套住测斜管露出冠梁底部分，避免测斜管在破除桩头时遭到破坏，确保预埋测斜管的成活率。

（6）支护桩内测斜管的安装，首选在支护桩（搅拌桩除外）施工时，预埋于支护桩内，但在施工过程中，很难保证 100%测斜管预埋存活率，或者因业主未及时委托监测单位，当受委托的监测单位入场时，支护桩已部分或基本完成施工。对于支护桩内测斜管预埋失败或未及时预埋安装的情况，将采取以下补救措施：

①在支护桩内进行钻孔埋设，钻孔埋设深度等于或略小于支护桩长度。

②若在支护桩内钻孔无法钻至桩底，且钻孔最大深度位置未达到支护桩预计的最大变形特征点，拟采取在支护桩桩间进行钻孔埋设。

③若支护桩内预埋安装测斜管长度或支护桩内钻孔深度未能达到设计或相关规范要求长度，但测斜管的最大深度位置超过了设计计算的支护桩预计的最大变形特征点位置，可以上部管口作为深层水平位移的起算点，每次监测同时测定管口坐标的变化并修正该孔的深层水平位移。

2）土体或搅拌桩内测斜管埋设方法及步骤如下：

（1）土体测斜管通过钻孔埋设，土体埋设深度不宜小于基坑开挖深度的 1.5 倍，并应大于围护墙的深度，但若基坑底部已入岩，则测斜孔插入坑底 2m，进入稳定岩层内即可。钻孔前需排查钻孔点位下方是否埋藏有管线，钻机是否有工作面（钻机行走路线宽度大约 3m）。

（2）搅拌桩内测斜管通过钻孔埋设，埋设深度与搅拌桩深度一致或略长。

（3）土体或搅拌桩内钻孔过程中，要注意泥浆稠度，避免出现塌孔，严禁在泥浆内加入水泥等水凝材料以增加泥浆稠度，以避免测斜管安装埋设后堵塞，无法正常使用。

（4）测斜管安装过程中应保证斜管导槽的其中一对导槽平行于支护面，而另一对导槽则垂直于支护面而指向开挖面。测斜管埋设完成后，用细砂回填密实，在土体或搅拌桩内钻孔埋设测斜管宜于数据采集前两周完成。

（5）测斜孔埋设后，应及时加上警示标识，并做好保护措施，以免施工破坏。

1.3.2.4　支撑内力测点埋设

支撑内力监测点宜设置在支撑内力较大或在整个支撑系统中起控制作用的杆件上；混凝土支撑的监测截面宜选择在两支点间 1/3 部位，并避开节点位置。支撑内力元件安装方法：混凝土支撑内力监测采用混凝土应变计进行监测，应变计在支撑梁搭接钢筋笼时捆绑在主筋上，并使其受力方向与主筋轴向平行，监测断面内一般应配置 4 个混凝土应变计，位置分别选择在四侧的中间位置或支撑断面的角点处。钢支撑内力监测采用表面应变计，将表面应变计安装固定在钢支撑上下或左右表面（两个为一组）。安装就位后，将监测导线引出地面并编号。如图 1.3-7、图 1.3-8 所示。

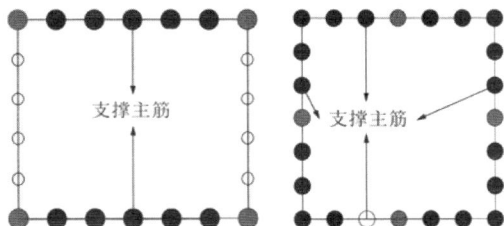

图 1.3-7　混凝土应变计安装示意图

图 1.3-8　现场安装图

1.3.2.5　立柱沉降埋设

立柱竖向位移监测点宜布置在基坑中部、多根支撑交会处、地质条件复杂处的立柱上。立柱沉降监测点参照设计提供的监测平面布置图布置，测点具体埋设方法：按监测平面布置图，立柱沉降监测点与围护结构桩顶水平位移监测点埋设方法类似，可在立柱支撑浇筑时埋入钢筋 $\phi 25$ 或 $\phi 28$，在钢筋顶部固定小棱镜，或者在支撑浇筑后钻孔埋设带反光片的测钉。立柱沉降点埋设见图 1.3-9。

图 1.3-9　立柱沉降点示意图

1.3.2.6　地下水位测孔埋设

　　基坑外地下水位监测点应沿基坑、被保护对象的周边或在基坑与被保护对象之间布置，监测点间距宜为 20～50m。本项目地下水位监测点参照设计提供的监测平面布置图布置，具体位置见基坑监测平面布置图。具体埋设安装方法：按监测平面布置图布设在基坑周边，距离支护桩 2m 以上。水位观测孔采用工程钻机成孔，每个孔的深度至基坑坑底之下 3～5m。成孔直径为 250mm，内置一根直径为 108mm 的镀锌钢花管，花管外侧包裹双层滤网，管外与孔壁间填充粒径 0～10mm 的干净粗砂（顶部 1.0m 利用黏性土封堵）。水位管顶部需要砌砖或水泥包裹，然后再做保护罩进行保护。地下水位孔埋设见图 1.3-10。

图 1.3-10　地下水位管安装和保护示意图

1.3.2.7　周边建筑物倾斜监测点埋设

　　建筑物倾斜监测主要针对重要的高层建筑物、高耸构筑物及已发生不均匀沉降的建筑物，采用基础不均匀沉降推算倾斜值。

　　监测点布设原则：

　　（1）对于进行倾斜监测的建（构）筑物，原则上每栋最少布置两组倾斜测点（每组 2 个），布置在面向基坑一侧，可直接利用项目的已有建筑物沉降点。

　　（2）监测点布置在建筑角点、变形缝两侧的承重柱或墙上。

1.3.2.8 锚杆（索）内力测点埋设

锚杆（索）的内力监测点选择在受力较大且有代表性的位置，基坑每边中部、阳角处和地质条件复杂的区段宜布置监测点。每层锚杆（索）的内力监测点数量应为该层锚杆（索）总数的 1%～3%，且均不少于 3 根。在每层锚杆（索）中，若锚杆（索）长度不同、锚杆（索）形式不同、锚杆（索）穿越的土层不同，则要在每种不同的情况下布设有代表性的锚杆（索）监测点。各层监测点位置在竖向上宜保持一致。项目锚杆（索）内力监测点具体位置见基坑监测平面布置图。锚杆（索）测力计安装示意图见图 1.3-11。

设备埋设与安装应遵守下列原则：

（1）施工锚杆（索）钻孔并注浆，等待水泥浆凝固。

（2）将测力计套在锚杆（索）外，放在钢垫板和工程锚具之间，将读数电缆接到观测站。

（3）在墙体受力面之间增设钢垫板，保证测力计与墙体受力面之间有足够的刚度，使锚杆（索）受力后，受力面位置不致下陷。

（4）安装过程中，随时进行测力计监测，观测是否有异常情况出现，如有应立即采取措施处理。锚杆（索）安装时必须从中间开始向周围锚杆（索）逐步对称加载，以免锚杆（索）测力计偏心受力。

（5）在轴力计安装好并锚杆（索）施工完成后，进行锚杆（索）预应力张拉，这时要记录锚杆（索）轴力计上的初始荷载，同时要根据张拉千斤顶的读数对轴力计的结果进行校核。

锚杆（索）锁定时（图 1.3-12），从里向外依次为垫板—锚杆（索）测力计—锚具—限位板—千斤顶—锚具；考虑到力的损耗，千斤顶压力需要达到设计锁定力的 1.1～1.5 倍，分级张拉，千斤顶压力达到锁定力时，测量并计算锚杆（索）测力计的压力，压力小于锁定力时继续增压，直至等于或略大于锁定力，切勿立即卸力，等 5～10min 后再卸力，卸力之后再测一次锚杆（索）测力计压力，达到锁定力的 80%～110% 为合格，锁定力较小时重复以上步骤。

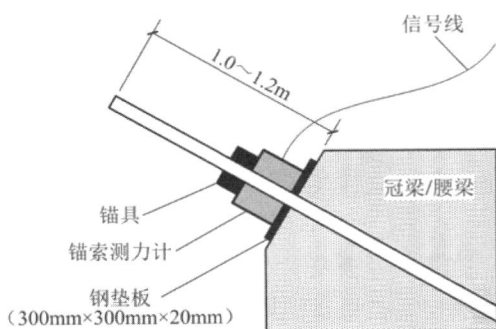

图 1.3-11 锚杆（索）测力计安装示意图   图 1.3-12 锚杆（索）测力计安装实景图

1.3.2.9 土钉内力监测点埋设

将钢筋计焊接或套筒连接在靠土钉端头 1/4～1/3 土钉长度的位置。土钉插入锚孔后，将导线引出，并妥善保护，并在取下一层土方开挖前连续 2d 获得的稳定测试数据的平均值作为初始值。

土钉钢筋计安装方法：

（1）将土钉在外露端 1/3 长度位置截断，可以采用焊接或车丝的方法，把钢筋计与该被测量土钉连接起来，如图 1.3-13 所示。

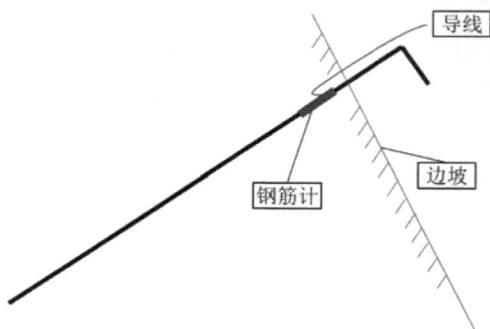

图 1.3-13　土钉钢筋计安装示意图

（2）钢筋计采用焊接方式连接时，先将钢筋计专用定制的连接杆分别焊接在土钉断开处，待焊接冷却后，通过丝口拧紧，将钢筋计与土钉连成整体。

（3）采用车丝连接时，先将截断的土钉两端，按钢筋计丝口规格进行车丝，然后拧紧连接即可，建议采用车丝连接。

（4）土钉在插入边坡时，注意保护导线，防止导线被外物扯断，并将导线顺着土钉引至土钉钻孔外，并进行保护。在后期边坡各工序交叉施工中均应对工人进行交底，注意保护好导线，以便土钉内力监测的有效性。

1.3.3　监测数据采集

1.3.3.1　水平位移监测

监测仪器：全站仪。

监测方法：全圆观测。

定向方法：测定特定方向水平位移宜采取视准线法、小角法或方向线偏移法等方法；测定监测点任意方向水平位移宜采取前方交会、自由设站、导线测量或极坐标等方法。

监测项目：基坑顶水平位移；边坡顶水平位移；立柱/建筑物/管线水平位移。

水平位移监测注意事项：

（1）用于监测任务全站仪精度要达成对应监测网等级要求。

（2）仪器进场前，按要求对仪器进行校准或检定；每日使用完成后，要检验全站仪电池电量，并按要求完成仪器维护工作。

（3）必须使用和全站仪配套反射棱镜进行测距。

（4）测量前要检验仪器参数和状态设置，如角度、距离、气压、温度单位、最小显示、测距模式、棱镜常数、水平角和垂直角形式、双轴更正等。可提前设置好仪器，在测量过程中不再改动。

（5）测线宜高出地面 1.3m 以上，并避开障碍物、背景部分有反光材料物体及避免经过发热体（如散热塔、烟囱等）和较宽水面上空，以减小折光影响。

（6）测站应避开受电、磁场干扰地方，应离开高压线 5m 以上，手机、对讲机应远离测线使用。

（7）在大气稳定和成像清楚条件下观察，雾、雨、雪天气不宜观察。

（8）避免阳光暴晒、雨水淋湿仪器，严禁照准镜头对向太阳。

（9）测站、镜站不准离人。

（10）整个监测期间，应做到固定监测仪器、固定监测人员、固定监测路线和测站、固定监测周期或合适调整后周期及对应时段。

1.3.3.2　沉降监测

监测仪器：水准仪、全站仪、分层沉降仪、沉降环。

监测方法：二等水准、三角高程（全站仪）、回程测读、进程测读。

监测项目：基坑/边坡顶竖向位移、建筑物/立柱/管线/地表沉降、分层沉降。

沉降监测注意事项：

（1）整个监测期间，应做到固定监测仪器、固定监测人员、固定监测路线和测站、固定监测周期或调整后周期及对应时段。

（2）定时进行基准点校核检验和仪器校验；统计每次测量时气象情况、施工进度和现场工况，以供分析监测数据时参考。

（3）在大气稳定和成像清楚条件下观察，雾、雨、雪天气不宜观察。

（4）避免阳光暴晒、雨水淋湿仪器，严禁照准镜头对向太阳。

（5）测站不准离人。

（6）观察开始前仪器进行一定时间晾置，使仪器温度和外界环境保持一致。

1.3.3.3　深层水平位移监测（测斜）

监测仪器：测斜仪、自动化测斜设备。

监测方法：人工测斜仪 0.5m 测读一次，自动化测斜设备 1m 测读一次。

监测项目：支护桩/土体/边坡深层水平位移。

自动化监测要求：一级基坑自动化监测孔不少于总监测孔的 20%，且不少于 3 孔。

测斜注意事项：

（1）深层水平位移监测应选择匹配测斜管、测斜仪，避免测斜仪探头在测斜管内太紧而卡住或太松而滑槽，以达成有效监测目标。

（2）因测斜仪探头在管内每隔 0.5m 测读一次，故对测斜管接口位置要正确计算，避免接口设在探头滑轮停留处。

（3）测斜管中有一对槽口应自上而下一直垂直于监测关注方向，若因安装原因致使槽口扭转而不垂直于基坑边线，则须同时对两对槽口（即两个方向）进行测试，然后在同一深度取矢量和。

（4）测点间距应严格为 0.5m，以和探头设计量距一致，避免造成测试结果人为偏离。

（5）为消除仪器本身误差，必须同时进行正、反方向测读。

（6）每天跟踪自动化检测设备是否能正常工作，是否受施工影响。

1.3.3.4 内力监测

监测仪器：读数仪、内力自动化采集设备。

监测方法：人工或自动化。

监测项目：支撑轴力监测、围护墙内力监测、冠梁及围檩内力监测、立柱内力监测项目。

自动化监测要求：一级基坑内力应全部采用自动化监测。

围护体内力监测注意事项：

（1）围护墙内力、立柱内力、支撑轴力可选择钢筋应力计进行测定，支撑轴力亦可考虑在混凝土内埋设应变计进行测定。

（2）各传感器数据传输线应引至日常方便施测且不易受损处，测线应有显著编号标识，测线宜从厂家订货时一次定型，中间不宜有接头。

（3）全部传感器在安装前必须测试、统计频率读数，确保传感器有效；高温电焊过程中需保持对传感器连续测试，以防发生安装返工；钢筋笼下放前、下放后，必须对全部传感器进行频率读数测试、统计；（钢筋混凝土支撑、地下连续墙和钻孔灌注围护桩等）浇筑混凝土后，应按 1 次/7 天～1 次/天监测进行频率测试、统计，监测频率变换视传感器频率改变情况确定。

（4）各内力监测项目频率初读数以待监测工况发生前已安装传感器实际稳定频率为准，应最少测读两次以上，取均值作为频率初读数。

（5）各内力监测项目宜固定每次监测时段，对钢（钢支撑）结构内力监测时段宜固定在早上或晚上（尤其是在夏季），以降低气温对内力监测影响。

1.3.3.5 地下水位监测

监测仪器：钢尺水位计、斯比特水位计（配套读数仪）、水位自动化采集设备。

监测方法：人工或自动化。

监测项目：周边地下水位。

自动化监测要求（广州）：一级基坑周边水位监测应全部采用自动化监测。

地下水位监测注意事项：

（1）水位管管口要高出地表并做好防护墩台，加盖保护，以防雨水、地表水和杂物进入管内。

（2）水位管处应有醒目标志，避免施工损坏。

（3）在监测了一段时间后，应对水位孔逐一进行抽水或灌水试验，看其恢复至原来水位所需时间，以判定其工作可靠性。

（4）每天跟踪自动化检测设备是否能正常工作，是否受施工影响。

1.3.3.6 锚索（土钉）拉力监测

监测仪器：读数仪、内力自动化采集设备。

监测方法：人工或自动化。

监测项目：锚索（土钉）拉力。

自动化监测要求：一级基坑锚索拉力监测应全部采用自动化监测。

围（支）护内力监测注意事项：

（1）锚索拉力监测可选择测力计进行测定。

（2）各传感器数据传输线应引至日常方便施测且不宜受损处，测线应有显著编号标识。测线宜在厂家订货时一次定型，中间不宜有接头。

（3）全部传感器在安装前必须测试、统计频率读数，确保传感器有效；锚索锁定前后，必须对全部测力计进行频率读数测试、统计，监测频率变换视传感器频率改变情况确定。

1.3.4　现场巡检

1.3.4.1　巡检要求

根据广州市建设工程融合监管平台基坑监测预警系统要求：

（1）每次进场监测时监测人员同步进行现场巡视。

（2）负责人带队巡查不少于 2 次/月。

1.3.4.2　巡检内容

1）围（支）护结构体系

（1）开挖面地质状况：岩（土）层性质及稳定性、地下水控制效果和其他情况；（2）降水工程：降水效果及状态；（3）支护结构体系：冠梁变形，桩体（边坡）施工质量，桩加内撑，桩间土稳定及渗漏水情况，支护体系施作及时性、支护体系开裂、变形变化、支护体系施工质量缺陷、超载与超挖和其他情况；（4）基坑周边环境：坑边超载、地表积水及截排水措施和其他情况；（5）施工工艺：开挖坡度、开挖面暴露时间、施工工序、基坑超挖及其他情况。

2）周边环境

（1）建（构）筑物

①建（构）筑物开裂、剥落，包括裂缝宽度、深度、数量、走向、剥落体大小、发生位置、发展趋势等；②地下室渗水，包括渗水量、发生位置、发展趋势等。

（2）道路（路面）

①地面开裂，包括裂缝宽度、深度、数量、走向、发生位置、发展趋势等；②地面沉陷、隆起，包括沉陷深度、隆起高度、面积、位置、距墩台的距离、距基坑（或隧道）的距离、发展趋势等；③地面冒浆/泡沫，包括出现范围、冒浆/泡沫量、种类、发生位置、发展趋势等。

（3）周边邻近施工情况

在施工程项目规模、结构、位置、进度，与本项目的水平距离、垂直距离等。

3）施工工况

开挖后暴露的土质情况岩土勘察报告有无差异。

基坑开挖分段长度、分层厚度及支锚设置是否与设计要求一致。

场地地表水、地下水排放状况是否正常，基坑降水、回灌设施是否运转正常。

基坑周边地面有无超载。

4）监测设施

（1）基准点、监测点有无破损情况；（2）监测元件的完好及保护情况；（3）有无影响观测工作的障碍物。

1.3.5 监测数据处理及分析

1.3.5.1 全站仪测水平位移

位移量计算公式：假定一条平行于基坑边线内侧的直线 AB（使各监测点在直线 AB 的一侧，距离 AB 的距离大于 20cm），利用点 D (X, Y) 至定线 AB 的距离公式：

$$D = \frac{\left| Y - \frac{Y_B - Y_A}{X_B - X_A} X - \frac{Y_A X_B - Y_B X_A}{X_B - X_A} \right|}{\sqrt{1 + \left(-\frac{Y_B - Y_A}{X_B - X_A} \right)^2}}$$

计算各监测点本次坐标值与其初始坐标值至定线 AB 的距离，进而计算出各水平位移监测点所在部位向基坑方向的累计位移变形量（$D_n - D_1$）和本次变形量（$D_n - D_{n-1}$），判断预报情况，并根据变形情况编制水平位移成果表，绘制"时间-水平位移量"曲线图。

1.3.5.2 竖向位移

（1）水准仪测竖向位移

观测记录采用自带记录程序电子仪，观测完成后形成原始电子观测文件，通过数据传输处理软件传输至计算机，检查合格后使用专用水准网平差软件进行严密平差，得出各点高程值。

通过变形观测点各期高程值计算各期阶段沉降量、阶段变形速率、累计沉降量等数据。观测点稳定性分析原则如下：①观测点的稳定性分析基于稳定的基准点而进行的平差计算成果；②相邻两期观测点的变动分析通过比较相邻两期的最大变形量与最大测量误差（取两倍中误差）来进行，当变形量小于最大误差时，可认为该观测点在这两周期内没有变动或变动不显著；③对多期变形观测成果，当相邻周期变形量小，但多期呈现出明显的变化趋势时，应视为有变动。

计算公式：

$$H_{前} = H_{后改} + L_{后} - L_{前}$$

$$H_{后改} = H_{后} - c$$

$$c = S_{前} \times C/S$$

式中：$H_{前}$——前视点高程（m）；

$H_{后改}$——后视点高程减闭合差改正数（m）；

$L_{后}$——后视点尺面读数（m）；

$L_{前}$——前视点尺面读数（m）；

$H_{后}$——后视点实测高程（m）；

c——测量闭合差改正数（m），按照距离进行平差；

$S_前$——起始点至前视点路线长度（m）；

S——观测路线总长度（m）；

C——水准路线闭合差（m）。

（2）全站仪测竖向位移

优先采用几何水准测量方法，若几何水准测量难以实施时，可采用三角高程法，如图 1.3-14 所示。

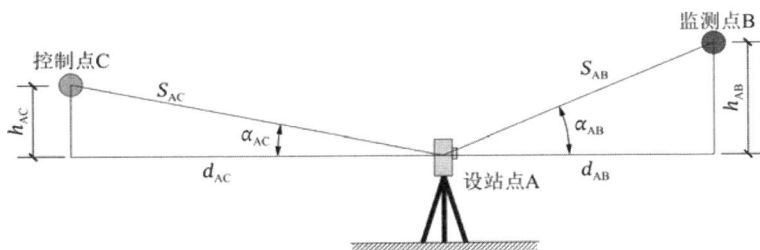

图 1.3-14　三角高程观测示意图

①控制点 C 与设站点 A 高差

$$h_{AC} = S_{AC} \times \sin\alpha_{AC} + f_{AC}$$

$$f_{AC} = (1-k) \times S_{AC} \times \cos\alpha_{AC} /(2R)$$

式中：h_{AC}——控制点 C 与设站点 A 高差；

S_{AC}——控制点 C 与设站点 A 之间斜距；

α_{AC}——控制点 C 与设站点 A 之间垂直角；

f_{AC}——控制点 C 与设站点 A 球气差改正数；

k——大气垂直折光系数，取 0.14；

R——地球曲率半径，取 6371km。

②监测点 B 与设站点 A 高差

$$h_{AB} = S_{AB} \times \sin\alpha_{AB} + f_{AB}$$

$$f_{AB} = (1-k) \times S_{AB} \times \cos\alpha_{AB}/(2R)$$

式中：h_{AB}——监测点 B 与设站点 A 高差；

S_{AB}——监测点 B 与设站点 A 之间斜距；

α_{AB}——监测点 B 与设站点 A 之间垂直角；

f_{AB}——监测点 B 与设站点 A 球气差改正数；

k——大气垂直折光系数，取 0.14；

R——地球曲率半径，取 6371km。

③测站点 B 的高程

$$H_B = H_C + h_{AB} - h_{AC} = H_C + S_{AB} \times \sin\alpha_{AB} - S_{AC} \times \sin\alpha_{AC} + f_{AB} - f_{AC}$$

式中：H_C——控制点 C 的高程；

H_B——监测点 B 的高程。

（3）沉降仪与沉降环测竖向位移

测量时，拧松分层沉降仪绕线盘后面的止紧螺钉，让绕线盘转动自由后，按下电源按钮（电源指示灯亮），把测头放入导管内，手拿钢尺电缆，让测头缓慢地向下移动，当测头接触到土层中的磁环时，接收系统的音响器便会发出连续不断的蜂鸣声，此时读写出钢尺电缆在管口处的深度尺寸，这样逐步测量到底，称为进程测读，用字母 J_i 表示，当从该导管内收回测量电缆时，也能通过土层中的磁环，接收系统的音响器发出音响，此时也须读写出测量电缆在管口处的深度尺寸，如此测量到孔口，称为回程测读，用字母 H_i 表示。该孔各磁环在土层中的实际深度 S_i 计算公式：

$$S_i = (J_i + H_i)/2$$

式中：i——孔中测读的点数，即土层中磁环个数；

S_i——测点 i 距管口的实际深度（mm）；

J_i——测点 i 在进程测读时距管口的深度（mm）；

H_i——测点 i 在回程测读时距管口的深度（mm）。

注：每次监测时均应测定分层沉降管管口高程变化，然后换算出分层沉降管外各磁环的高程。

1.3.5.3 深层水平位移

基准点可以设在测斜管顶部或底部。若测斜管底部进入基岩较深的稳定土层，则底部可以作为基准点。对于悬挂式（底部未进入基岩的）可以将管顶作为基准点，每次量测前必须采用光学仪器或其他手段确定基准点的坐标。

当被测桩体产生变形时，测斜管轴线产生挠度，用测斜仪确定测斜管轴线各段的倾角，便可计算出桩体的水平位移。取垂直于基坑管槽方向作为 X 轴，测斜管底部为基准点为 0 点，坐标为 (X_0, Y_0)，于是测斜管轴线各测点的平面坐标由下列两式确定：

$$X_j = X_0 + \sum_{i=1}^{j} L\sin\alpha_{xi} = X_0 + L \cdot f \cdot \sum_{i=1}^{j} \Delta\varepsilon_{xi}$$

式中：i——测点序号，$i = 1,2,\cdots,j$；

L——测斜仪标距或测点间距（m）；

f——测斜仪率定常数；

$\Delta\varepsilon_{xi}$——X 方向第 i 段正、反测应变读数差之半。

为消除量测装置零漂移引起的误差，每一测段两个方向的倾角都应进行正、反两次量测（反转 180°），即

$$\Delta\varepsilon_{xi} = \frac{(\varepsilon_x^+) - (\varepsilon_x^-)}{2}$$

当 $\Delta\varepsilon_{xi} > 0$ 时，表示向测管 X 轴向正向倾斜，当 $\Delta\varepsilon_{xi} < 0$ 时，表示向测管 X 轴向负向倾斜，由上式可计算出测斜管 X 轴线断面（垂直于基坑方向）各测点偏移量，比较不同测次各测点偏移量，便可知道桩体的水平位移量。测斜观测分析计算见图 1.3-15。

内业中，根据上述公式计算各侧向变形监测点在不同深度各测点的偏移量，及各侧向变形监测点在不同深度各测点的累计变形量和本次变形，并编制侧向变形监测成果表，绘制"时间–变形量"曲线图，判断各侧向变形点预报警情况。

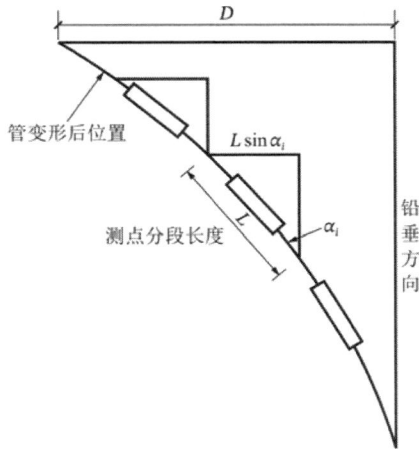

图 1.3-15　测斜观测分析计算图

1.3.5.4　支撑轴力

支撑轴力计算公式：

$$N_c = \left[\frac{1}{n} \sum_{j=1}^{n} k_{j\varepsilon}(f_{ji}^2 - f_{j0}^2) \right](E_c A_c + E_t A_t)$$

式中：N_c——支撑轴力（kN）；

E_c、E_t——混凝土和钢筋的弹性模量（kN/mm²）；

A_c、A_t——混凝土截面积和钢筋截面面积（mm²），$A_c + A_t = A$；

A——支撑截面积（mm²）；

$k_{j\varepsilon}$——第 j 个钢筋计标定系数（10^{-6}/Hz²）；

f_{ji}——第 j 个钢筋计测量自振频率（Hz）；

f_{j0}——第 j 个钢筋计初始测量自振频率（Hz）。

1.3.5.5　锚索内力

采用频率读数仪测出其频率值，每次测量进行二次观测。

计算：$ML = K \times (f_i^2 - f_0^2)$

式中：K——锚索（杆）测力计的检定证书上的标定系数；

f_i——本次锚索测力计的频率值（f）的平均值；

f_0——锚索测力计的检定证书上的频率值（f）的平均值。

1.3.5.6　地下水位

测量水位值按下式计算：

$$H_{SW} = K \times (F_i - F_0) - H$$

式中：H_{SW}——测量水位值（mm），结果为负值，表示在孔口以下；

K——标定常数；

F_i——读数仪连接传感器放入水中的读数（F）；

F_0——读数仪连接传感器未放入水中的读数（F）；

H ——仪器测量点深度（探头深度）（mm）。

1.3.6 监测成果展示

1）监测日报、简报、月报的主要内容

（1）施工工况

包括基坑施工进度情况及周边邻近其他施工项目的情况（施工内容、方法、进度等）。

（2）监测工作情况

包括监测点变更情况和理由，当工程出现变形异常时，发出预警或报警的监测资料情况和监测频率变动情况的说明，监测工作存在的问题等。

（3）监测成果分析及变形趋势预测分析

分项做出分析和结论。对监测点（尤其是变形大的点）做出当月（周）的综合分析，指出"变化趋势"是否趋于稳定，做出该点变形对周围环境的影响是否安全的评价。对服务商的监测资料作关联分析。结合水位变化、周围工况和地质条件分析变形较大的原因（变形较小的正常点也可以分类合并说明）。

（4）结论及建议

在数据分析的基础上，对本期变形给出结论性意见，对数据异常或超出预警值的测点，从监测与施工两方面提出改进的措施。

（5）各监测项目变化曲线图

①等沉降曲线图（适合于沉降监测项目）；②深度-位移曲线图（适合于位移监测项目）；③变形收敛图（适合于位移监测项目）。

（6）监测成果表汇总

按规定的格式分项归类、汇总，各测点的监测数据按监测日期顺序准确填报，填表者、校核者应签名。

（7）监测点分布示意图

图上监测点号与监测成果表中的点号相一致，如有新增点或变更点，在新增或变更当月表示在示意图上。

注：在遇到观测值变化速率加快，或者自然灾害如暴雨、台风、地震等情况时，以日报方式或随时向业主报告监测结果；当变形值或变形速率达到变形控制标准值时，立即口头上报相关各方，并于 24 小时内提交书面报告。

2）监测日报、简报、月报的时效

（1）日报

当日监测结束后发监测日报。

（2）简报

监测频率大于两天一次，宜每周出一次简报。

监测频率小于两天一次，宜每两周出一次简报。

出简报周期不宜大于半个月，工地特殊有要求除外。

（3）月报

每月最后一次盖章前完成一次月报，并上传住建系统。

1.4 监测结束

1.4.1 工作量确认表

1）监测日常工作量确认表

日常工作量确认表包含内容：①工程名称；②监测项目类别；③监测时间；④监测项目点号及点次；⑤确认人签名。

每次监测完现场联系监理对日常工作量确认签字，如表 1.4-1 所示。

日常工作量确认表　　　　　　表 1.4-1

监测日期	监测项目及工作量描述								确认人
	坑顶水平位移	坑顶竖向位移	深层水平位移	立柱沉降	支撑内力、锚索拉力	周边建筑物、管线沉降	周边地表沉降	地下水位	
	计：点·次	计：点·次	计：孔·次	计：点·次	计：组·次	计：点·次	计：点·次	计：孔·次	
	计：点·次	计：点·次	计：孔·次	计：点·次	计：组·次	计：点·次	计：点·次	计：孔·次	
	计：点·次	计：点·次	计：孔·次	计：点·次	计：组·次	计：点·次	计：点·次	计：孔·次	
	计：点·次	计：点·次	计：孔·次	计：点·次	计：组·次	计：点·次	计：点·次	计：孔·次	
	计：点·次	计：点·次	计：孔·次	计：点·次	计：组·次	计：点·次	计：点·次	计：孔·次	
	计：点·次	计：点·次	计：孔·次	计：点·次	计：组·次	计：点·次	计：点·次	计：孔·次	
小计：									
备注：	初始值观测两次，计 2 点·次								

2）技术服务工作量确认表

技术服务工作量确认表包含内容：①工程名称及编号；②委托单位；③监测时段；④工程地点；⑤委托部门；⑥项目进度；⑦工程量确认表编号；⑧完成工程量内容；⑨三方（监测单位、监理单位和委托单位）签字盖章确认。

工作量确认表时效见表 1.4-2。

（1）月产值小于等于 10 万元，宜每三个月签一次工作量确认表。

（2）月产值大于 10 万元、小于等于 20 万元，宜每两个月签一次工作量确认表。

23

（3）月产值大于 20 万元，宜每月签一次工作量确认表。

技术服务工作量确认表 表 1.4-2

合同编号		委托单位		
合同名称			工程地点	
监测时段			责任部门	
项目进度	是□ 否□ 全部完工		工作量确认表编号	
委托工作量（含委托监测内容、计价单位、委托监测数量）				
完成工作量（含实际检测内容、计价单位、实际检测数量）	服务单位确认： 日期：　年　月　日			
监理单位审核确认	签名： 日期：　年　月　日			
委托单位审核确认	签名： 日期：　年　月　日			
备注	...		...	

1.4.2　基坑监测完工证明

监测工程完工后须第一时间书面通知监理和建设单位确认，确认完成后对项目进行归档。基坑监测完工证明内容包含：①合同号；②委托单位；③工程项目；④工程地点；⑤进退场时间；⑥责任部门；⑦项目进度；⑧完工证明编号；⑨服务单位确认内容；⑩监理和建设单位确认。完工证明见表 1.4-3。

技术服务项目完工证明 表 1.4-3

合同号		委托单位		
工程项目			工程地点	
进场日期		退场日期	责任部门	
项目进度			工作量确认表编号	

续表

服务单位 确认	服务单位确认： 日期：　　　年　　月　　日
监理单位 审核确认	签名： 日期：　　　年　　月　　日
建设单位 审核确认	签名： 日期：　　　年　　月　　日
备注	

1.4.3　完工报告

工程结束时应提交完整的监测报告，监测报告是监测工作的回顾和总结，项目完工后一周内完成完工报告编制工作，监测报告主要包括如下内容：

①工程概况；②监测依据；③监测项目；④监测点布置；⑤监测设备和监测方法；⑥监测频率；⑦监测报警值；⑧各监测项目全过程的发展变化分析及整体评述；⑨监测工作结论与建议。

第⑧部分是监测报告的核心，该部分在整理各监测项目的汇总表、各监测项目时程曲线、各监测项目的速率时程曲线；各监测项目在各种不同工况和特殊日期变化发展的形象图的基础上，对基坑及周围环境各监测项目的全过程变化规律和变化趋势进行分析，提出各关键件或位置的变位或内力的最大值，与原设计预估值和监测预警值进行比较，并简要阐述其产生的原因。在论述时应结合监测日记记录的施工进度、挖土部位、出土量、施工工况、天气和降雨等具体情况对数据进行分析。

第⑨部分是监测工作的总结与结论，通过基坑围护结构受力和变形以及对相邻环境的影响程度对基坑设计的安全性、合理性和经济性进行总体评价，总结设计施工中的经验教训，尤其要总结监测在施工工艺和方案的调整和改进中所起的作用。

1.5　监测管理

1.5.1　人员管理

（1）项目监测人员应经过培训并且经过公开考评，拥有对应资格和上岗授权证实后方可正式上岗。

（2）培训人员应在持证人员监督下方可进行工作，并由监督人员负责其行为结果。

（3）项目负责人应具有中级及以上职称，项目其他人员应含有基坑监测量测技术证书。

（4）项目负责人作为项目最高管理人员，应对监测项目担负全方面管理职责。

1.5.2 仪器管理

（1）应选择或采购符合本项目监测精度要求的各类仪器。

（2）仪器应标定，正确张贴标识，并在使用期内使用。

（3）仪器应有流转统计。

（4）仪器应根据操作说明正确使用，用后应清洁维护保养，正确置放，并做好使用统计。

（5）仪器出现故障或意外损坏，应立即通知企业相关部门，经处理并核定可用后方可继续使用。

1.5.3 材料管理

（1）监测材料应由项目经理预先编制采购进场计划，并报送企业相关部门。

（2）应选择或采购符合本项目监测要求的各类监测材料（尤其是各类传感器量程、分辨率、精度、导线长度等）。

（3）到场材料必须进行数量、规格、技术指标和质量验收，并填写验收单。不符合要求时应立即通知企业相关部门协同处理。

（4）对不能立即安装、需要临时存放的材料，应注意存放保护要求，避免气候、环境、施工作业等原因造成监测材料性能下降甚至损坏等情况。

1.6 监管平台操作

1.6.1 登录与 APP 下载操作

登录"广州市建设工程融合监管平台基坑监测预警系统"，如图 1.6-1 所示。

图 1.6-1 系统截图

移动端可扫描登录页的二维码下载基坑监测 APP（图 1.6-2）。

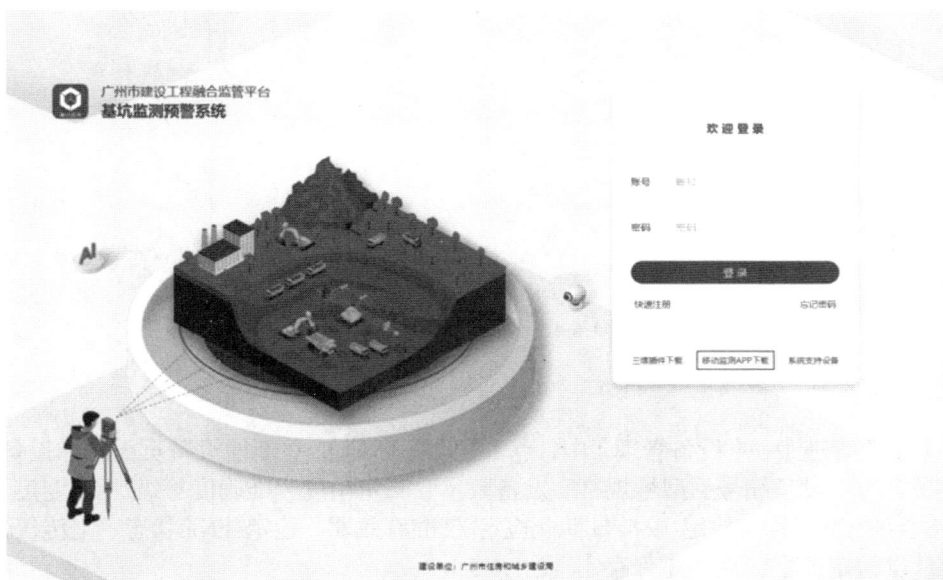

图 1.6-2　基坑监测 APP 下载

1.6.2　人员设备登记

1.6.2.1　人员管理

在【企业管理】—【人员管理】中，选择人员所属部门后，点击右上角的【添加人员】，录入人员的身份证号、姓名、联系电话、所属部门、职务等信息并上传上岗证、劳务合同、社保缴纳证明、资质证书附件。点击【保存】。保存完人员信息后，系统将使用人员的联系电话生成账号，账号默认密码为人员手机号码后 6 位（图 1.6-3）。

若企业人员长期调休或离职不需要使用系统账号，可选中人员点击【删除】或点击【编辑】操作按钮，关闭启用状态（图 1.6-4）。

图 1.6-3　人员管理系统界面 1

图 1.6-4　人员管理系统界面 2

1.6.2.2　设备信息

在【企业管理】—【设备管理】中，点击【设备登记】，在新增设备页面选择设备类型、录入设备名称、设备编号、型号规格、设备数量、测量精度、准确度等级/不确定度、生产厂家、检定/校准机构、检定/校准日期、检定/校准有效期、检定/校准状态、上传仪器设备台账及计量检定证书，点击【保存】（图 1.6-5）。

注意：设备编码（或称：SN、设备序列号）将用于识别设备唯一性。设备编码可在购买设备时可以获得，也可以在设备上找到。

校准日期将用于验证设备有效期，过了校准有效期的设备不支持上传数据（图 1.6-6）。

图 1.6-5　设备管理系统界面 1

图 1.6-6　设备管理系统界面 2

1.6.3　监测工程管理

在【监测管理】模块，点击列表右上角的【新增工程】进行工程登记（图 1.6-7）。

图 1.6-7　监测工程登记

1.6.3.1　工程基本信息配置

在【基本信息】栏目中，首先录入施工许可证编号验证，录入的施工许可证编号必须属于广州市住房和城乡建设局及其下属单位监管的工程。验证施工许可证编号成功后，系统自动带出所属工程名称、工程编号以及相关单位人员信息。

选择或手动定位工程地址，录入监测作业有效范围。"工程地址"及"监测作业有效范围"将作为监测人员到工地现场数据采集和监测巡检的定位校验。

录入支护形式、安全等级、计划开挖日期、计划挖完日期、基坑周长、基坑设计深度等基坑工程信息（图 1.6-8）。

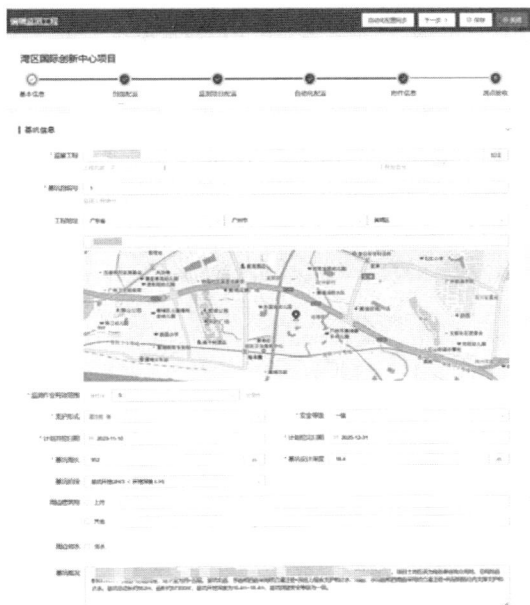

图 1.6-8　录入基本信息界面 1

关联监测信息，选择单位已录入的人员。一个工程至少录入 1 名监测技术负责人、1 名监测项目负责人和 2 名及以上监测员。其中，监测项目负责人应具备中级或以上职称和从事建设工程监测工作 3 年以上的经历；监测技术负责人应具备土木工程或测绘工程相关专业中级或以上职称（基坑安全等级为一级时，需具备高级或以上职称）和具有从事建设工程监测工作 5 年以上的经历。如果不符合要求，则无法选择对应人员。

录入基本信息后，点击【保存】，再点击右上角的【下一步】进入剖面配置信息录入页面（图 1.6-9）。

图 1.6-9　录入基本信息界面 2

1.6.3.2　剖面配置

在【剖面设置】栏目中，点击左上角【新增剖面】录入剖面信息（图 1.6-10）。录入剖面编号、剖面名称、支护形式、开挖深度（m）、安全等级并上传剖面图文件。

图 1.6-10　剖面配置

　　点击监测频率下的【编辑】，根据监测方案为每个剖面设置监测频率（图 1.6-11）。监测频率需要包含工程的 7 个不同基坑阶段，分别录入监测频率后点击右上角【提交】，再点击操作栏下的【保存】。

　　录入剖面信息后，点击右上角的【下一步】进入监测项目配置录入页面。

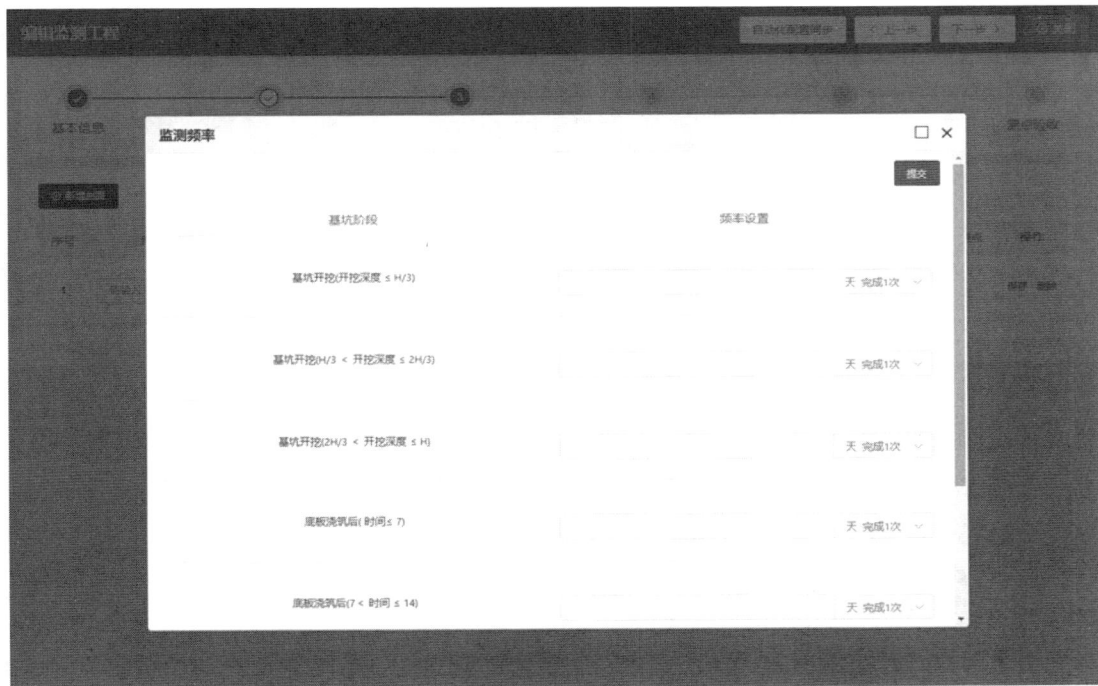

图 1.6-11　监测频率配置

1.6.3.3　监测项目配置

　　监测项目配置主要包括录入监测项目信息、报警设置、测点配置。另外，如果是水平位移监测项目类型，在设置测点前需要配置断面信息。

　　注意：录入监测项目信息时，必须选择正确的监测方法，否则会影响后续监测数据上传解析；必须关联设备，如果没有使用关联的设备上传监测数据，则无法上传数据。

1.6.3.4　监测项目信息

　　在【监测项目配置】栏目中，点击监测项目配置右边的【＋】小图标添加监测项目。先选择监测项目类型，根据监测项目类型选择对应监测方法。录入监测项目名称，点击【添加设备】，勾选设备后，点击【确定】，再点击【保存】监测项目信息。

　　水平位移：录入仪器测距固定误差、仪器测距距离误差、仪器测角精度、监测点坐标中误差。

　　竖向位移：录入监测点坐标中误差。

　　应力：先选择力类型，根据力类型再选择对应监测方法（图 1.6-12）。

图 1.6-12　监测项目配置

1.6.3.5　报警设置

点击监测项目下的【报警设置】，点击左上角的【新增】，录入报警类型名称、预警值、控制值、变化速率预警值，点击【保存】（图 1.6-13）。

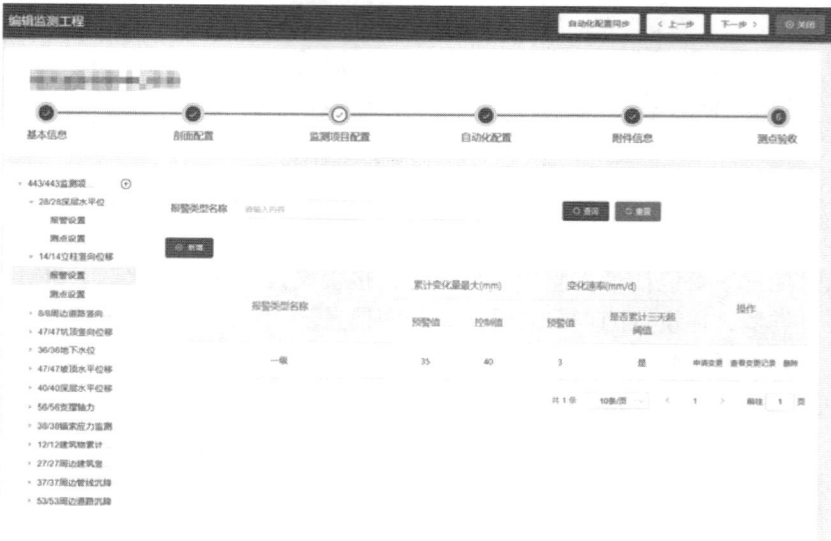

图 1.6-13　报警设置

1.6.3.6　断面设置

如果监测项目类型有水平位移，需要设置虚拟断面点，再复用到测点中。在水平位移项目下，点击【断面设置】，先点击【断面点管理】，进入断面点管理页面点击【添加断面点】，录入断面点名称、坐标X、坐标Y，点击【保存】。系统支持批量导入断面点，点击【下载模板】参考模板格式，点击【模板导入断面点】批量导入数据（图 1.6-14）。

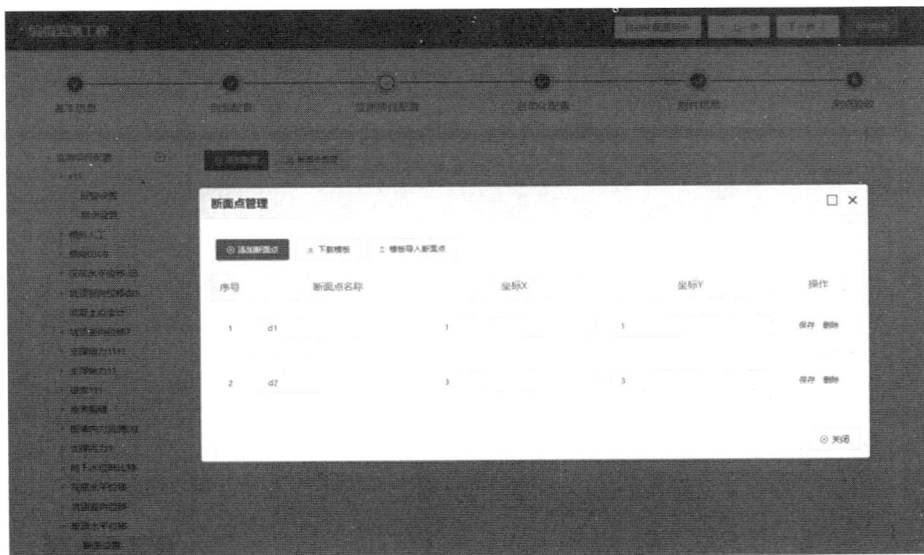

图 1.6-14　断面点管理

录入断面点后点击左上角的【添加断面】，从断面点管理中选择两个断面点作为起点和终点组成一个断面，点击【保存】（图 1.6-15）。

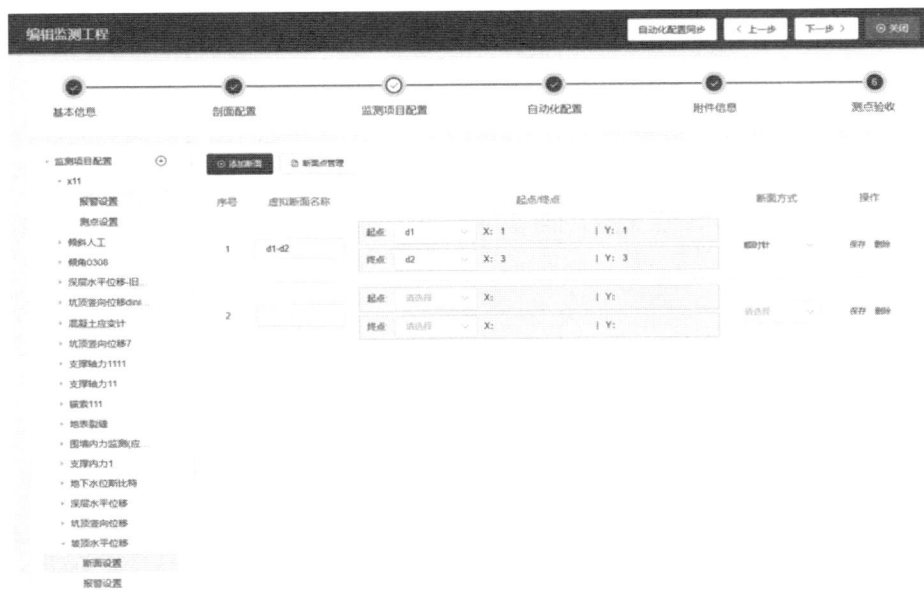

图 1.6-15　添加断面

1.6.3.7　测点设置

点击监测项目下的【测点设置】，点击右上角【添加测点】。录入测点编号，选择监测状态，录入初始累计值，选择报警类型、传感器编号、所属剖面、是否自动化监测、设备厂商等信息。

注意：录入"初始累计值"时，从旧系统中转录到新系统的测点，初始累计值按旧系统最新的值填写，新的测点填写 0。

如果监测项目类型是地下水位、测力类，需要为每个测点补充相应的监测仪器设备信息，如传感器编号等（图 1.6-16）。

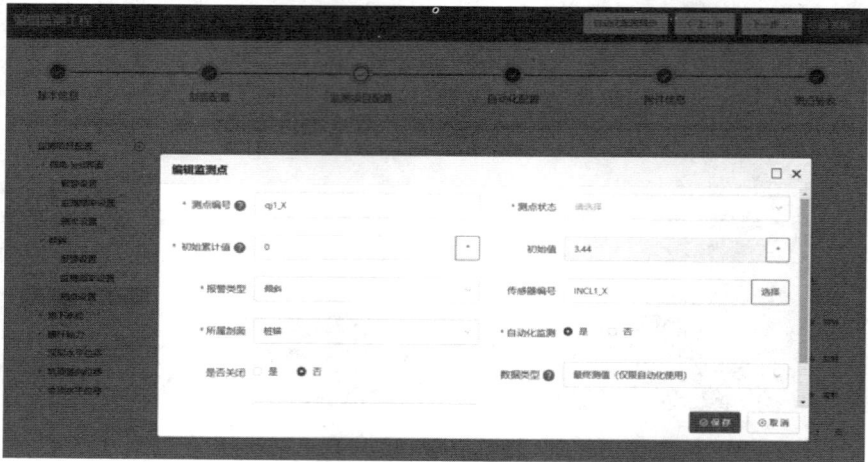

图 1.6-16　测点设置

对于地下水位、测力类的监测对象，需要在配置测点时为自动化监测点配置对应的网关硬件通道。

1.6.3.8　自动化监测配置

首先，根据监测现场实际的监测点布设情况，在网关设备中配置好测点信息，并在数据传输模块中，填入监测系统的 IP 地址及端口（IP 地址：183.62.245.152，端口：7993）。

其次，在监测系统的测点配置界面，填写每个传感器对应的网关通道，如图 1.6-17 所示。

图 1.6-17　网关通道

最后，在【自动化配置】栏目中新增网关设备（图 1.6-18），填写设备的序列号，并将设备关联对应的监测点（图 1.6-19）。

备注：自动化监测点的监测频率，以此处设置的数值为参考基准。

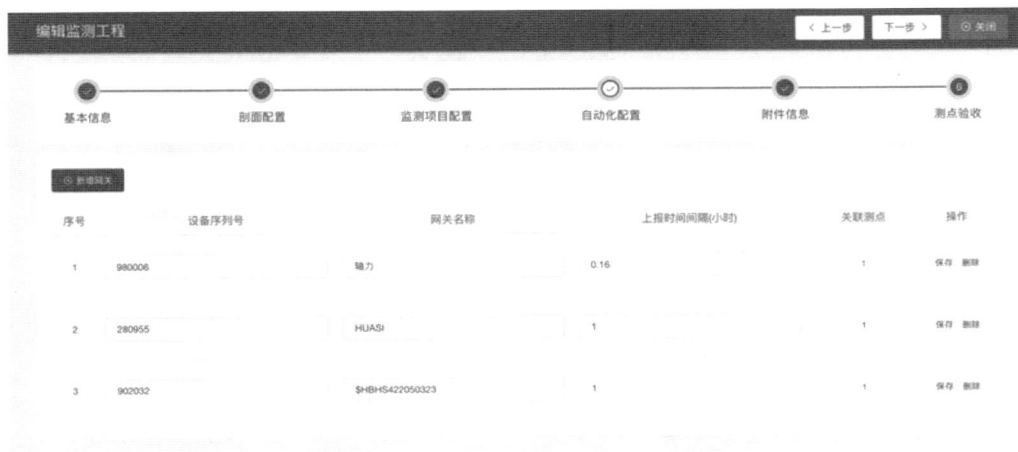

图 1.6-18　自动化配置

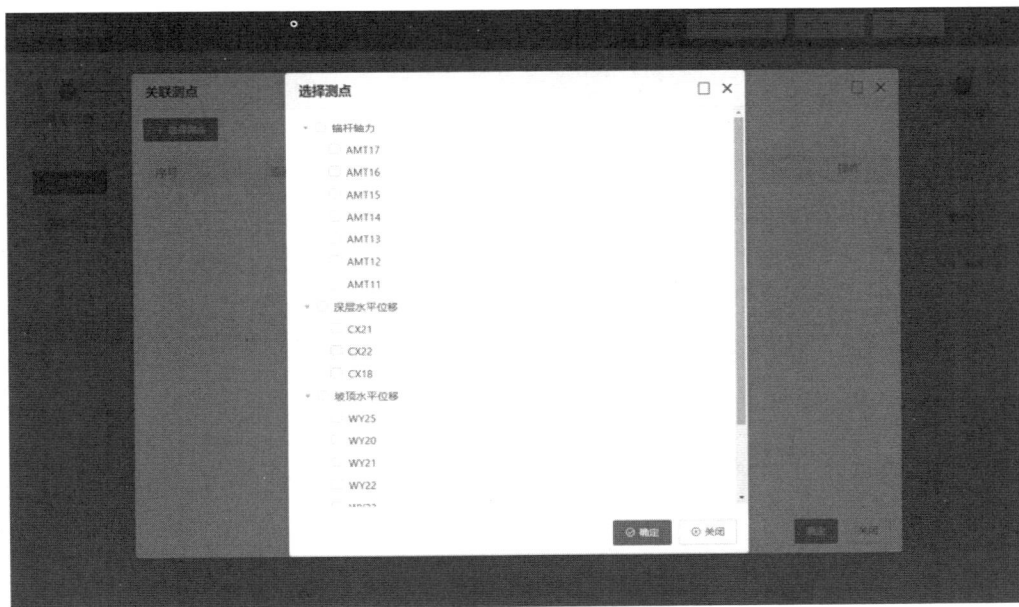

图 1.6-19　关联监测点

1.6.3.9　附件信息

在【附件信息】栏目中，根据附件类型上传基坑监测方案、监测方案审批表、基坑监测点平面布置图、基坑勘察报告、专家论证过程附件、监测合同/委托函等附件（图 1.6-20）。

上传附件信息后，点击右上角【下一步】进入测点验收页面。

备注：二维、三维可视化附件包括"二维转换三维（基坑监测图纸）制图规范""二维转换三维（基坑翻模工具）操作手册"。

图 1.6-20　附件信息上传

1.6.3.10　测点验收

在【测点验收】栏目中，点击左上角【新增验收】，进入新增验收页面。根据监测项目点击【补充】，上传测点的验收照片。选择验收日期、录入验收备注点击【提交】。提交后，需要等待监理单位审核（图 1.6-21～图 1.6-23）。

注意：未验收的测点不支持上传数据。

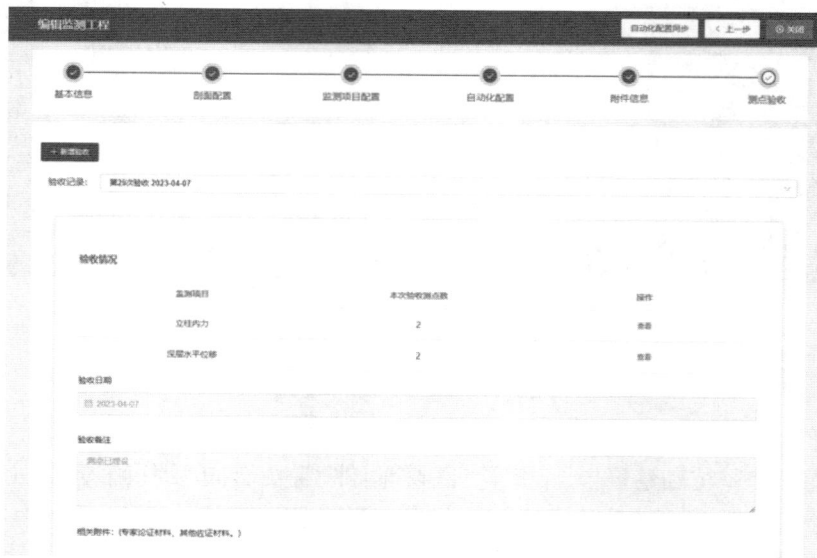

图 1.6-21　测点验收页面 1

新增验收

验收情况

监测项目	未验收的测点数	测点照片上传情况	操作
周边道路竖向位移	41	已上传照片测点：0　未上传照片测点：41	补充
深层水平位移	4	已上传照片测点：0　未上传照片测点：4	补充
地下水位	4	已上传照片测点：0　未上传照片测点：4	补充

* 验收日期

　　选择日期

验收备注

验收备注

相关附件（专家论证材料、其他论证材料。）

点击上传　允许的文件大小：（10.00 MB），格式支持：.pdf,.png,.jpg。最多上传5个文件。

√ 提交

图 1.6-22　测点验收页面 2

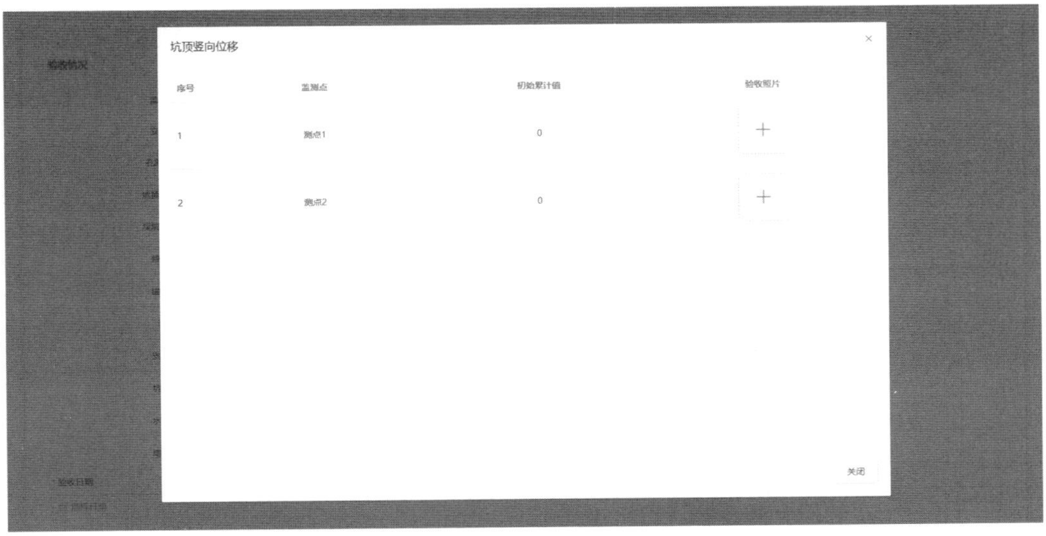

坑顶竖向位移　　　　　　　　　　　　　　　　　　　　　　　×

序号	监测点	初始累计值	验收照片
1	测点1	0	＋
2	测点2	0	＋

关闭

图 1.6-23　测点验收页面 3

　　在基坑监测 APP，若存在未验收的测点工程会在 APP 首页所有工程中提示，点击【去验收】进入测点验收页面。在测点验收界面选择验收日期、录入验收备注，上传测点的现场照片点击【提交】，提交后，需要等待监理单位审核（图 1.6-24）。

1.6.4　监测项目关键信息调整

1.6.4.1　监测频率调整

　　操作路径：监测管理→监测配置→剖面配置（图 1.6-25）→监测频率（查看）（图 1.6-26）→申请变更。

在监测频率变更页面，修改变更后的监测频率，可录入备注或上传附件，点击【提交审核】。提交后，需要等待监理单位审核。

在监测频率变更页面，点击右上角【查看变更记录】，可查看所属剖面监测频率历史变更记录。

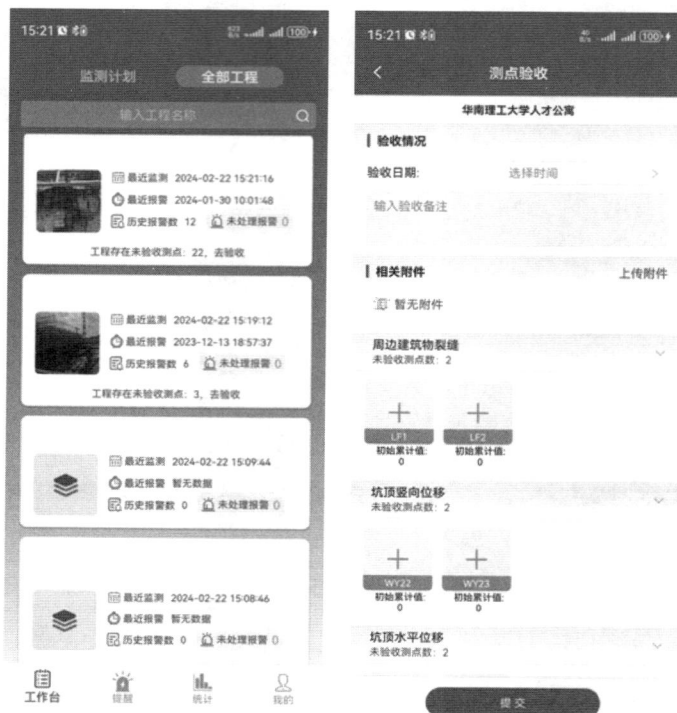

图 1.6-24　手机 APP 验收页面

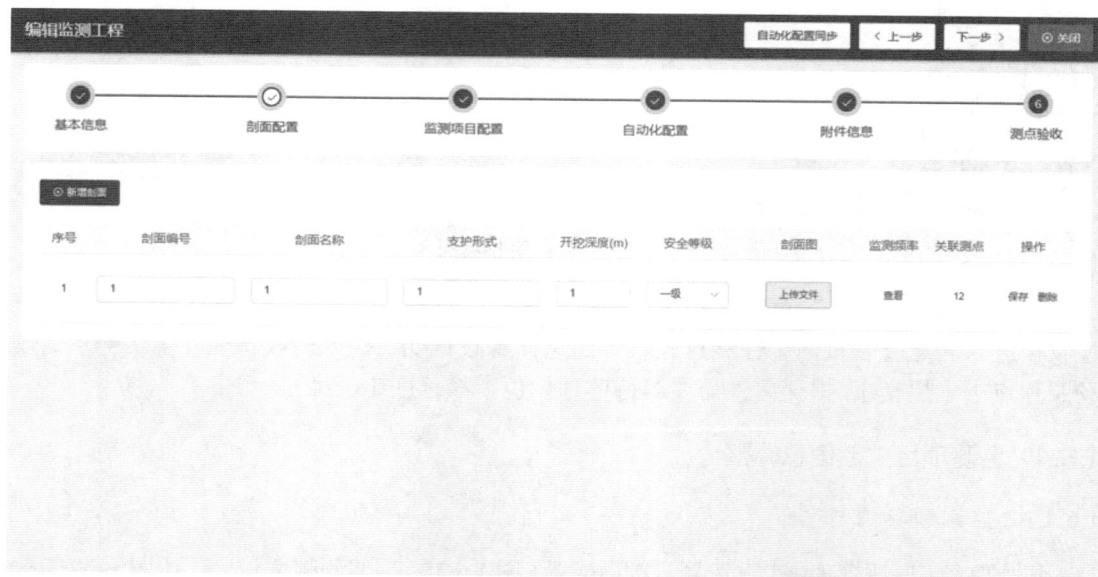

图 1.6-25　剖面配置

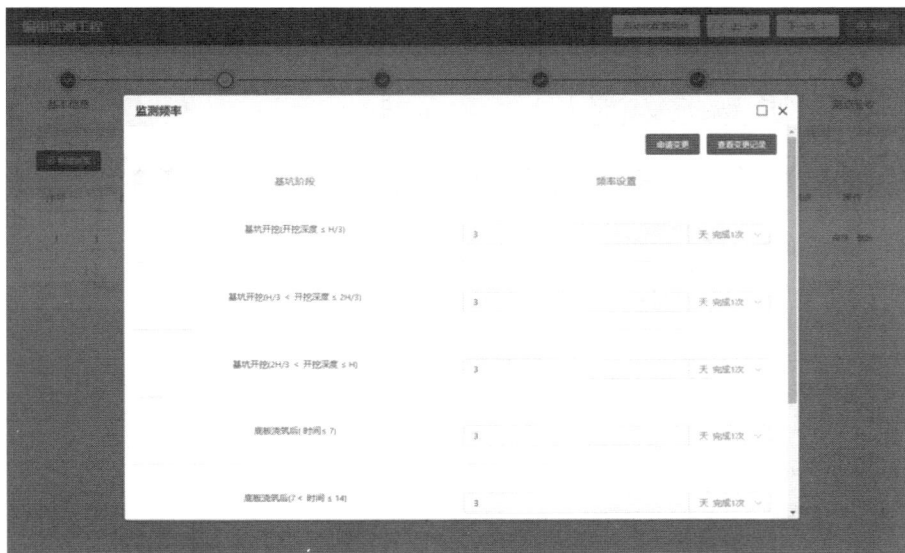

图 1.6-26　监测频率（查看）

1.6.4.2　预警阈值调整

操作路径：监测管理→监测配置→监测项目配置（图 1.6-27）→监测项目→报警设置→申请变更。

在监测频率变更页面，修改变更后的预警阈值，可录入备注或上传附件，点击【提交审核】。提交后，需要等待监理单位审核。

在报警设置列表中，点击操作下的【查看变更记录】，可查看所属历史变更记录。

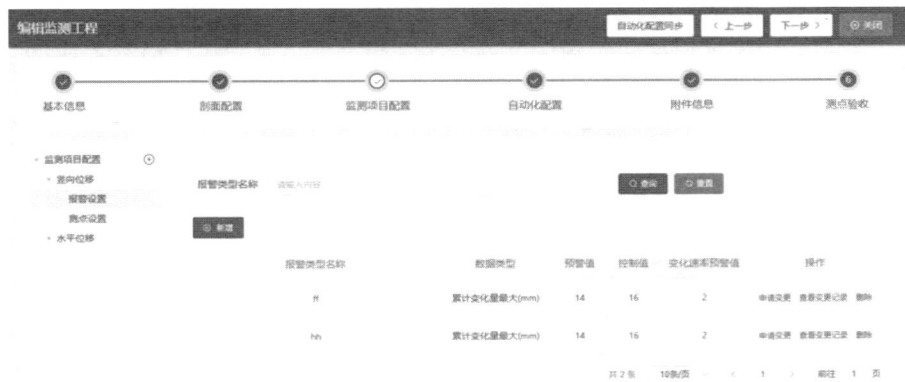

图 1.6-27　监测项目配置

1.6.5　现场监测

1.6.5.1　人脸认证

在基坑监测 APP 中使用【数据采集】和【现场巡检】功能时，要求进行人脸识别验证人脸。用户首次登录 APP 时，在【我的】—【人脸认证】页面，点击【认证人脸】，录入人脸信息。录入人脸信息后，可设置默认认证频率每次验证或 3h 内免认证（人脸验证 3h 内，操作数据采集或巡检无需重复验证人脸）（图 1.6-28）。

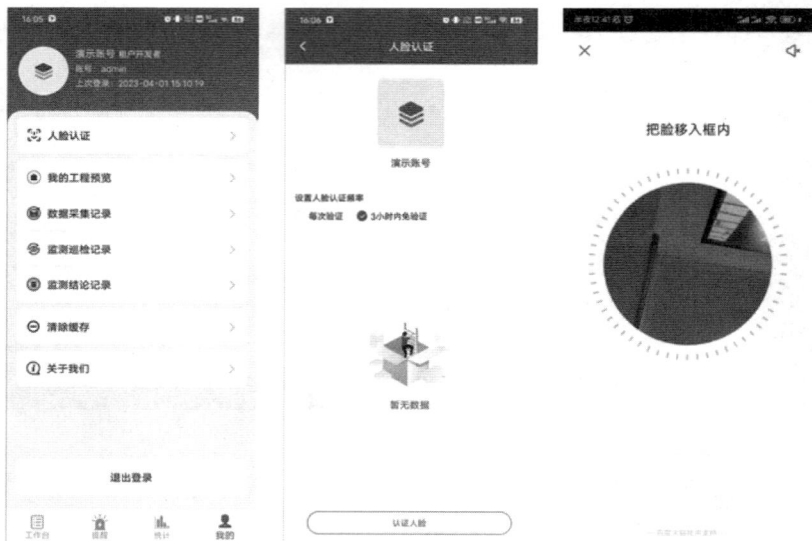

图 1.6-28　人脸认证

1.6.5.2　创建计划

针对两种情形可在 APP 首页所有工程中创建计划，一是从未创建过计划的工程，二是上次计划已超期的工程。

在所有工程列表中，在提示信息中点击【创建新计划】（图 1.6-29），选择下次工作计划的监测时间，勾选下次计划的监测测点（自动化监测点不需要新建计划）。点击【提交】。

图 1.6-29　创建新计划

1.6.5.3 数据采集

在监测计划列表中，点击工程进入监测工作详情页面。点击【数据采集】（图 1.6-30），通过人脸识别和定位校验后，进入数据采集页面。

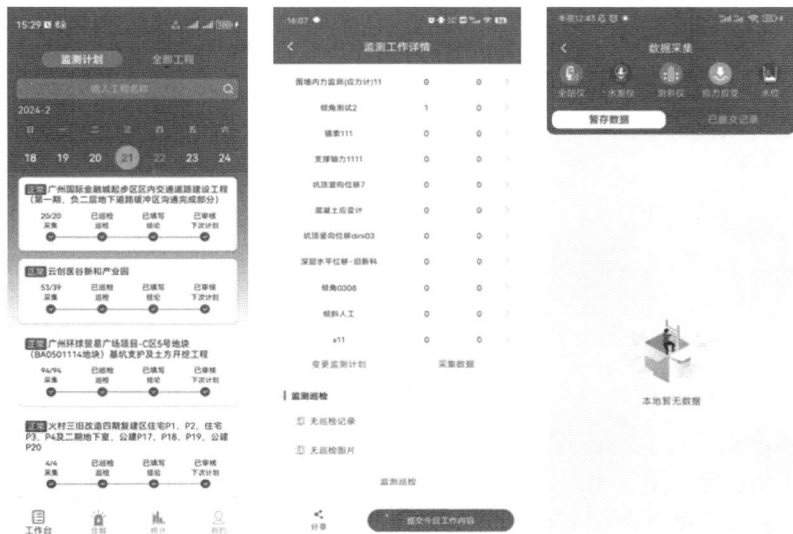

图 1.6-30 数据采集

选择【测斜仪】设备类型，打开手机蓝牙，选择要连接的设备。进入侧孔列表页面，点击右上角【＋】图标进入配置测孔页面（图 1.6-31）。选择监测孔号、录入孔深，选择步长、方向、起始点。点击【保存】。

回到测点列表，点击【去测量】，进入接收数据页面，点击【开始测量】（图 1.6-32）。

图 1.6-31 测孔页面

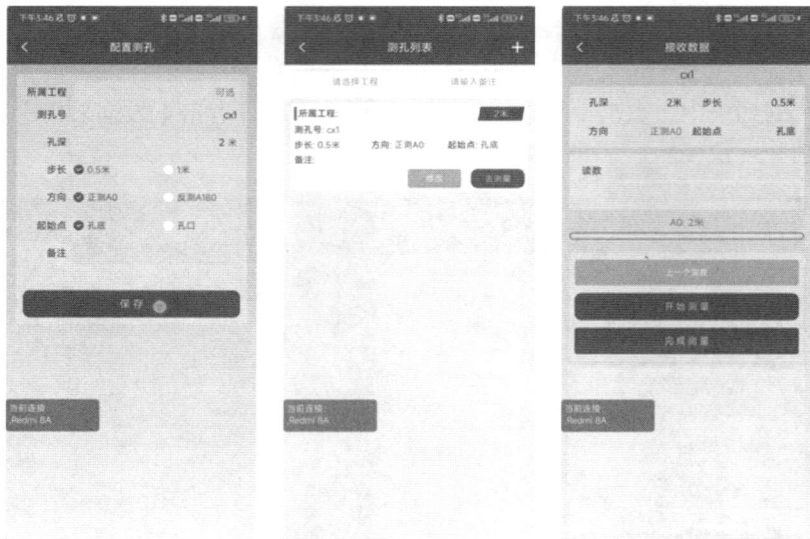

图 1.6-32　测孔开始测量

在采集深层水平位移数据时，根据测斜管进入深度，每个节点点击一次【记录】；第一遍深度测完后可进行反测；反测完成后，点击【完成测量】，查看采集到的数据，点击【上传】按钮。在上报结果页面，可查看监测结果是否预警（图 1.6-33、图 1.6-34）。

选择设备类型后，打开手机蓝牙，选择要连接的设备。在全站仪/水准仪/应力应变/水位等设备上，将监测数据通过蓝牙发送到监测 APP 中。如果监测项目的监测数据分为有多份，可依次发送。APP 接收到数据后可在数据采集页面查看（图 1.6-35）。在上报结果页面，针对未包含监测点可点击【选择异常原因】或点击【补录测点】。当选择异常原因，同一监测计划工作下的上报结果与监测巡检的异常原因在提交后将会同步，系统以最新提交为准。当点击【补录测点】按钮，监测员重新上传数据，系统仅接收未包含监测点的数据（图 1.6-35）。

图 1.6-33　测斜反测

图 1.6-34　上报结果页面

图 1.6-35　查看 APP 接收数据

　　另外，在数据采集页面点击【上传】上传数据，系统自动识别上传数据，若数据存在问题，系统给予提示，用户可选择【取消】或【继续上传】，当选择【取消】。同时，系统记录取消上传次数。一个工程每点击 10 次【取消】将视为一次失误，每累计 10 次同步将情况发送给监测技术负责人。

　　在上报结果页面，若监测结果数据存在预警，监测员可在 2h 内点击【重测】，点击重测后重新进入数据采集页面，监测员需重新进行监测作业再将监测数据通过蓝牙发送到监测 APP 中。重测重新上传的数据将覆盖前一次上传的数据。同时，系统记录重测上传次数。单日点击超过 3 次【重测】将于次日早上 9 点发送短信给建设单位人员、监督员。

1.6.6 监测巡检

在监测计划列表中，点击工程进入监测工作详情页面。点击【监测巡检】，通过人脸识别和定位校验后，进入监测巡检页面。巡检时需要选择天气情况、基坑开挖阶段和施工进度等内容，再依次判断监测设施、周边环境、支护结构、施工状况是否存在异常，如果存在异常的话可以标记为"异常"。

巡检过程中如发现问题可点击【问题登记】按钮进行登记，问题将发给施工单位整改，整改后经监理审核通过后闭环。

如有异常原因，可点击【异常测点登记】，先选择异常原因再选择异常的测点并上传照片及录入备注内容（图 1.6-36）。

图 1.6-36 异常测点登记

1.6.7 监测结论

完成数据采集和现场巡检后，在监测工作详情界面中点击【填写结论】进行填写，在界面中可以查看本次监测结果和测点采集情况（图 1.6-37）。

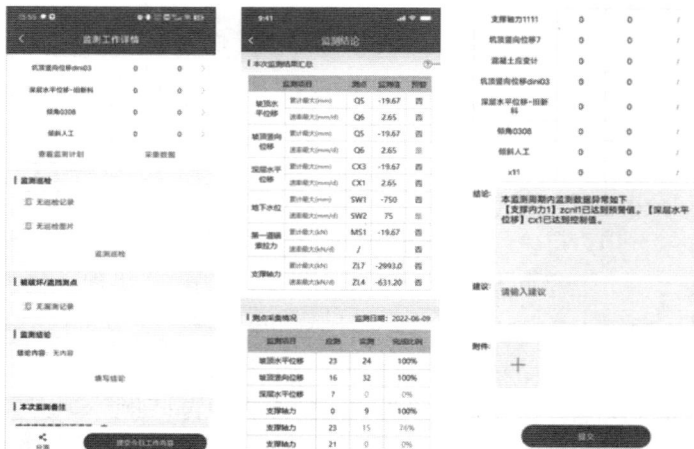

图 1.6-37 监测结论

1.6.8 制定下次计划

填写完监测结论后，还需要填写下次监测计划（下次监测计划只能在完成现场巡检、填写监测结论后才能填写）。在监测工作详情界面中点击【填写计划】，录入下次监测时间，选择下次计划的监测测点，监测测点默认显示本次的监测采集数量，可点击【＞】增加/取消勾选测点（图 1.6-38）。

图 1.6-38 填写下次计划

当日计划完成了数据采集、监测巡检、录入监测结论、制定下次监测计划后点击【提交今日工作内容】（图 1.6-39）。监测员提交监测计划后，需要由监测项目负责人确认。监测负责人可通过监测计划或待办进入确认。监测负责人确认后无异常情况无需监理审核。若监测计划中存在以下情况，需要抄送给监理审核。

图 1.6-39 提交今日工作内容

（1）当日监测工作中存在异常测点登记。

（2）当日监测工作中监测测点覆盖率未达到100%。

（3）制定下次计划监测测点的数量减少。

1.6.9　变更计划

如遇特殊情况，未能按计划进行监测。监测员可发起变更计划。在APP首页所有工程中，点击对应【工程名称】，进入监测工程页面。在工作日历模块，点击最新监测计划日期，点击【变更计划】进入计划页面（图1.6-40），录入下次监测时间，选择下次计划的监测测点，监测测点默认显示本次的监测采集数量，可点击【＞】增加/取消勾选测点。监测员提交监测计划后，需要由监测项目负责人确认。

图1.6-40　变更计划

1.6.10　负责人巡检

点击【我的】—【监测巡检记录】，在负责人巡检页面中，点击【监测巡检】，选择工程点击【确定】，通过人脸识别和定位校验后，进入监测巡检页面（图1.6-41）。负责人巡检同监测巡检一样，可参考监测巡检。

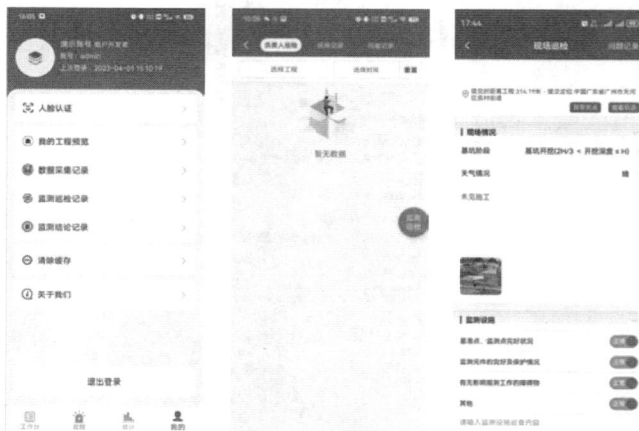

图1.6-41　监测巡检

1.6.11　异常测点修复确认

　　监测员数据采集或监测巡检中登记的被破坏/遮挡的测点，可在【提醒】—【待办】列表中查看（图 1.6-42）。当测点已修复，监测员点击【确认已修复】完成测点修复。当被破坏/遮挡的测点重新上传监测数据时，系统自动标识测点完成修复。

图 1.6-42　监测异常查看

第2章

边坡工程监测

2.1 概述

边坡分为人工边坡和天然边坡。边坡岩体在重力、构造力、地震作用以及各种外应力的长期作用下，都有向下滑落的趋势，这种趋势受到岩体本身抗剪切、抗破坏力的阻抗，一旦岩体阻抗力小于向下滑落的破坏力，就会产生崩塌、滑坡、坍塌、风化剥蚀等各种地质现象，并可能给人类带来不同程度的灾害。由于岩体是复杂的自然体，具有不确定的力学特性，必须采取有效手段，针对岩体工程应力应变特征，进行全过程监测，以检验各认识和论断在工程实施中的正确程度，并在出现不利特殊情况时进行必要补救。

2.1.1 边坡监测简介

所谓边坡监测是指在边坡施工和运行过程中，借助仪器设备和其他部分手段对围护结构、周围环境（土体、建筑物、构筑物、道路、地下管线等）应力、位移、倾斜、沉降、开裂及对地下水位动态改变、土层孔隙水压力改变等进行综合监测。依据前段开挖期间监测到土体变位动态等多种行为表现，提取大量岩土信息，立即比较勘察、设计所预期性状和监测结果差异，对原设计结果进行评价，并判定现行施工方案合理性。经过反分析方法计算和修正岩土力学参数，估计下阶段施工过程中可能出现新动态，为优化和合理组织施工提供可靠信息，对后期开挖方案和开挖步骤提出提议，对施工过程中可能出现险情进行及时预报。当有异常情况时，立即采取必需工程方法，将问题消灭在萌芽状态，以确保工程安全。

边坡监测目的：

（1）监控边坡施工期和运行期的安全，并为施工期信息化设计提供客观真实的资料和现场施工指导。对大型边坡，需采取及时有效的支护措施，布设完善先进的安全监测系统，埋设监测设施和进行监测工作，对监测成果及时进行反馈，是边坡安全施工和动态优化的重要保障。同时，也应根据现场开挖反馈的实际地质情况和实际施工方式，实时调整、优化监测布设。在边坡工程施工和运行过程中，监测项目均能直接指导、反馈工程边坡的客观作用与演变。

（2）通过将监测数据与预测值作比较，判断上一步施工工艺和施工参数是否符合或达到预期要求，同时实现对下一步的施工工艺和施工进度控制，从而切实实现信息化施工。

（3）通过监测及时调整开挖方案，使整个边坡施工过程能处于安全、可控的范畴内。

（4）通过监测尽早发现边坡滑动问题，并提请施工单位进行及时、有效的准备工作，保证作业人员及设备安全，防止施工中发生大面积地质灾害现象，反之，在变形趋稳时解除警报，以利于组织生产。

（5）将现场监测结果反馈设计单位，使设计能根据现场工况发展，进一步优化方案，达到优质安全、经济合理、施工快捷的目的。

（6）施工中应遵循"动态设计，信息化施工"的原则，及时将监测数据提交给设计人员、监理人员、施工单位，监测报告必须要有评价意见，应会同设计人员共同分析监测数据，必要时应调整设计施工，提出加固措施。

边坡安全监测以整体稳定性监测为主，兼顾局部滑动楔体监测。边坡中存在不利结构面，是引起边坡破坏的主要因素，边坡监测的重点是坡体中的软弱面，监测点应设置在软弱面或测孔穿过软弱面。引起失稳的原因通常是：施工破坏原有边坡稳定因素，因此边坡的失稳通常都发生在施工期间，尤其是施工程序不正确时，如边坡施工要求自上而下施工时，如果支护措施跟进不及时，则可能导致失稳。土质边坡的不稳定因素是逐步积累的，施工期间稳定的边坡，随地下水的渗入和软弱面的发展，运行期间突然产生滑动，此时损失更大，治理成本更高。

2.1.2　参考规范标准

国家标准《岩土工程勘察规范》GB 50021—2001（2009 年版）

国家标准《建筑地基基础设计规范》GB 50007—2011

国家标准《建筑边坡工程技术规范》GB 50330—2013

国家标准《工程测量标准》GB 50026—2020

行业标准《建筑变形测量规范》JGJ 8—2016

国家标准《建筑边坡工程鉴定和加固技术规范》GB 50843—2013

广东省标准《建筑基坑工程技术规程》DBJ/T 15—20—2016

2.1.3　边坡监测分级

依据国家标准《建筑边坡工程技术规范》GB 50330—2013（简称《边坡规范》）要求，建筑边坡工程设计使用年限不应低于被保护的建（构）筑物设计使用年限，边坡工程安全等级见表 2.1-1。

边坡工程安全等级　　　　　　　　　　表 2.1-1

边坡类型		边坡高度 H/m	破坏后果	安全等级
岩质边坡	岩体类型为 I 类或 II 类	$H \leqslant 30$	很严重	一级
			严重	二级
			不严重	三级
	岩体类型为 III 类或 IV 类	$15 < H \leqslant 30$	很严重	一级
			严重	二级
		$H \leqslant 15$	很严重	一级
			严重	二级
			不严重	三级
土质边坡		$10 < H \leqslant 15$	很严重	一级
			严重	二级
		$H \leqslant 10$	很严重	一级
			严重	二级
			不严重	三级

注：1. 一个边坡工程的各段，可根据实际情况采用不同的安全等级；
　　2. 对危害性极严重、环境和地质条件复杂的边坡工程，其安全等级应根据工程情况适当提高；
　　3. 很严重：造成重大人员伤亡或财产损失；严重：可能造成人员伤亡或财产损失；不严重：可能造成财产损失。

破坏后果很严重、严重的下列边坡工程，其安全等级应定为一级：

（1）由外倾软弱结构面控制的边坡工程。

（2）工程滑坡地段的边坡工程。

（3）边坡塌滑区有重要建（构）筑物的边坡工程。

边坡塌滑区范围可按下式估算：

$$L = H/\tan\theta$$

式中：L——边坡坡顶塌滑区边缘至坡底边缘的水平投影距离（m）；

　　H——边坡高度（m）；

　　θ——坡顶无荷载时边坡的破裂角（°），对直立土质边坡可取 $45° + \varphi/2$，φ 为土体的内摩擦角；对斜面土质边坡，可取 $(\beta + \varphi)/2$，β 为坡面与水平面的夹角，φ 为土体的内摩擦角；对直立岩质边坡可按《边坡规范》第6.3.3条确定；对倾斜坡面岩质边坡可按《边坡规范》确定。

2.1.4　边坡监测参数

边坡塌滑区有重要建（构）筑物的一级边坡工程施工时必须对坡顶水平位移、垂直位移、地表裂缝和坡顶建（构）筑物变形进行监测。

边坡工程根据安全等级、地质环境、边坡类型、支护结构类型和变形控制要求，监测项目如表2.1-2所示。

边坡工程监测项目表　　　　　　表 2.1-2

测试项目	测点布置位置	边坡工程安全等级		
		一级	二级	三级
坡顶水平位移和垂直位移	支护结构顶部或预估支护结构变形最大处	应测	应测	应测
地表裂缝	墙顶背后 1.0H（岩质）～1.5H（土质）范围内	应测	应测	选测
坡顶建（构）筑物、地下管线变形	边坡坡顶建筑物基础、墙面和整体倾斜，管线顶面	应测	应测	选测
降雨、洪水与时间关系	—	应测	应测	选测
锚杆（索）拉力	外锚头或锚杆主筋	应测	选测	可不测
支护结构变形	主要受力结构	应测	选测	可不测
支护结构应力	应力最大处	选测	选测	可不测
地下水、渗水与降雨关系	出水点	应测	选测	可不测

注：1. 在边坡塌滑区内有重要建（构）筑物，破坏后果严重时，应加强对支护结构的应力监测；
　　2. H—边坡高度（m）。

对边坡位移、应力、地下水等进行监测，监测结果作为指导施工、反馈设计的重要依据，是实施信息化施工的重要内容。施工安全监测将对边坡体进行实时监控，以了解由于工程扰动等因素对边坡体的影响，以及指导工程施工和优化施工方案。进行安全监测时，测点布置在边坡稳定性差或工程扰动大的部位，力求形成完整的剖面，采用多种手段相互验证和补充。

边坡施工安全监测内容包括地面变形监测、地表裂缝监测、深部位移监测、地下水位监测、孔隙水压力监测、锚索或锚杆拉力监测、抗滑桩中钢筋应力监测、地应力监测等内容。

边坡处治效果监测是检验边坡处治设计和施工效果、判断边坡处治后稳定性的重要手段。

边坡长期运营监测将在防治工程竣工后，对边坡体进行动态跟踪，了解边坡体稳定性变化特征，一般沿边坡主剖面进行，监测点的布置少于施工安全监测和防治效果监测，监测内容主要包括地面变形监测、深部位移监测、地下水位监测。

2.2　前期准备工作

2.2.1　现场踏勘

项目开始前需实地了解现场施工进度及周边环境情况，现场踏勘关键内容包含：

（1）了解建设方和相关单位对监测的要求。

（2）收集并分析岩土工程勘察、水文气象、周边环境、设计、施工等资料。

（3）了解相邻工程的设计和施工情况。

（4）工地所处地理位置、交通情况。

（5）工地现实状况面貌、用地范围、周围情况。

（6）关键核查周围管线、建（构）筑物类型和分布是否和相关资料一致，有没有其他未知情况，并推测边坡施工对这些邻近环境影响程度，初步确定监测关键或难点。

2.2.2　监测方案

2.2.2.1　资料收集

（1）边坡支护设计文件。

（2）岩土工程勘察报告。

（3）边坡影响范围内地下管线图及地形图。

（4）周围建（构）筑物情况（建筑年代、基础和结构形式）。

（5）施工组织设计（施工工期计划）。

（6）其他需要的相关资料。

2.2.2.2　方案编写

监测方案宜包含以下内容：

（1）工程概况、场地工程地质、水文地质条件及边坡周边环境情况。

（2）监测依据及目的。

（3）工程监测风险源分析及应对措施。

（4）监测内容及监测点布设原则。

（5）基准点、工作基点、监测点的布设及监测方法。

（6）监测人员配备及使用的主要仪器设备。

（7）监测周期及监测频率。

（8）监测组织与实施。

（9）现场安全巡视。

（10）监测数据整理、分析与信息反馈。

（11）监测预警、异常及危险情况下的监测措施。

（12）监测工作质量目标及保证措施。

（13）安全文明作业保证措施。

（14）工期及保证措施。

（15）监测布置图及工程地质剖面图。

（16）人员资质及仪器检定证书。

2.2.2.3 专家论证

是否需要专家论证应依据项目及业主要求，一般有以下情况时应进行论证：

（1）高度超过第 2.1.3 节适用范围的边坡工程。

（2）地质和环境条件复杂、稳定性极差的一级边坡工程。

（3）边坡塌滑区有重要建（构）筑物、稳定性较差的边坡工程。

（4）已发生严重事故的边坡工程。

（5）采用新技术、新工艺、新材料、新设备的主体结构工程。

（6）其他需要论证的工程。

2.2.3 安全交底

进场作业之前由公司（部门）安全负责人和项目负责人对现场作业人员进行安全教育，签署安全技术交底表（一式两份），留档备查。

安全技术交底内容：

（1）严格执行有关标准规范和安全生产规定，仪器设备有有效的计量检定（校准）证。每个监测项目要做到"三同"（同人、同仪器、同观测线路）。

（2）进入现场，必须戴好安全帽，正确使用个人劳动防护用具。不准穿拖鞋。

（3）注意作业区环境状况和安全警示标志，交叉作业时注意预防可能发生的高空坠物和地面障碍。立尺环境复杂时，要谨慎，确保安全。

（4）当边坡明显存在危险时，立尺人员不应入内，可采用固定标志监测。

（5）不倚靠边坡周围的护栏，防止坠落事故发生。注意场地的线路，防止触电。

（6）监测结果有异常时应连续监测并及时向项目负责人报告。

2.2.4 布点材料准备

（1）布点材料

主要包括预埋测斜管的数量及深度、锚索测力计的数量（包括锚索的锁数和量程）、支护结构轴力监测点数量、监测点标识牌、观测墩平台，需要安装自动化设备的项目还需统计自动化设备安装数量。一般提前申购，以免影响布设监测点。

（2）布点工具

电钻、手磨机、螺丝刀、手钳等。

2.3　正式监测

边坡监测的具体内容应根据边坡等级、地质及边坡支护结构特点进行考虑，通常分为：

（1）一级边坡工程，建立地表和深部相结合的综合立体监测网，并与长期监测相结合。

（2）二级边坡工程，在施工期建立安全监测和防治效果监测点，同时建立以群测为主的长期监测点。

（3）三级边坡工程，建立群测为主的简易长期监测点。

2.3.1　基准网的布设

利用现场已有的、稳定的、受施工影响小的施工控制点以及埋设的监测控制点，建立施工现场的首级变形监测控制网。监测控制点满足以下要求：在场区变形影响区域以外、位置稳定、易于长期保存的地方，按照相关规范要求埋设布置 3 个以上水平位移控制点和水准基准点。控制点均匀分布于边坡外围，相互间通视，组成的导线网覆盖整片场地，满足施工现场工作基点的设置。工作基点布置在场区内影响较小的易于保存的稳固且便于观测的地方，建立二级变形控制网，并与首级变形控制网联测。为减少对中误差，工作基点设置为强制对中观测墩。首级控制网与二级控制网联测频率，软土地区，在边坡施工阶段每半月联测一次，非开挖阶段，每月联测一次，特殊情况下，进行加密联测。钻孔埋设平面控制点或水准基准点如图 2.3-1 所示。

图 2.3-1　水准基准点埋设图

2.3.1.1　平面基准网的布设及控制测量

（1）根据现场场地及通视情况，可利用本工程项目周边已建成建筑物及构筑物，通过在建筑物上安装 3 个以上固定棱镜作为首级控制点，如图 2.3-2 所示，采用自由设站和三角高程测量的方法，建立首级控制点与工作基点及监测点的空间平面位置关系。自由设站时首级控制点与工作基点所形成夹角控制在 60°～150° 之间。通过三角高程测量观测各首级控制点间的高差，可校核首级控制点的稳定性。通过增加测回数，进行平差，提高测量精度。监测过程中计算平面控制点间的斜距及高差变化，如变化较大时，进行修正，重新取值观测。

图 2.3-2　平面控制点小棱镜图

（2）两级平面控制网均采用二等位移观测等级的平面控制网标准，主要技术要求见表 2.3-1～表 2.3-4。

二等水平位移监测基准网的主要技术要求　　　　　　表 2.3-1

等级	相邻基准点的点位中误差/mm	平均边长/m	一测回水平方向标准差/″	测距中误差	水平角观测测回数（0.5″/1″级仪器）
二等	3.0	≤ 500	≤ 1.0	≤（1mm + 2ppm）	2/4

水平角方向观测限差的技术要求　　　　　　表 2.3-2

等级	仪器精度等级	半测回归零差/″	一测回内 2C 互差/″	同一方向值各测回较差/″	观测测回数
二等	0.5″级仪器	3	5	3	2
	1″级仪器	6	9	6	4

距离观测技术要求　　　　　　表 2.3-3

全站仪测距标称精度	一测回读数间较差限差/mm	测回间较差限差/mm	往返测较差限差/mm	气象数据测定最小读数	
				温度/℃	气压/mmHg
1mm + 1ppm	3	4.0	6.0	0.2	0.5

位移观测距离长度及测回数要求 　　　　　　　　　表 2.3-4

全站仪测距标称精度	等级	距离长度/m	观测测回数
0.5″，1mm + 1ppm	二等	≤ 500	1
1″，1mm + 2ppm	二等	≤ 300	2

（3）水平角观测的技术要求应符合下规定：水平角观测宜采用方向观测法，当方向数不多于 3 个时，可不归零；特等、一等网点亦可采用全组合观测角法。导线测量中，当导线点上只有两个方向时，应按左、右角观测；当导线点上多于两个方向时，应按方向法观测。水平角观测的技术要求见表 2.3-2。

（4）待埋设的控制点稳固后，按照二等位移观测等级的技术要求进行平面控制网观测，建立首级平面控制。至少进行 2 次平面控制网观测，取 2 次合格的平面控制网严密平差成果的平均值作为首级平面控制网控制点的成果值。在工作基点埋设完成并稳固后，与首级平面控制网联测，按照二等位移观测等级的技术要求进行平面控制网观测，建立二级平面控制网。至少进行 2 次平面控制网观测，取 2 次合格的平面控制网严密平差成果的平均值作为工作基点的初始成果值。在边坡施工期间定期对工作基点进行联测，校核工作基点和监测工作控制点，联测结果出现较大差异时，进行修正。

2.3.1.2　高程基准网的布设及控制测量

高程基准点为垂直变形监测控制点，埋设位置在场区影响范围外，避开交通干道主路、地下管线、仓库堆栈、水源地、河岸、松软填土、滑坡地段、机械振动区以及其他可能使标石、标志易遭腐蚀和破坏的地方，稳定且易于长期保存。根据边坡周边环境，利用本项目周边稳定的桥墩桥台或者稳定的基础埋设 3 个高程基准点，建立独立高程系。高程基准控制网按两级布设，起始、闭合于首级基准点，观测首级控制点高程。布置示意图如图 2.3-3 所示。

布设的首级高程控制点按照二等水准观测技术要求施测。数字水准仪技术要求如表 2.3-5 和表 2.3-6 所示。

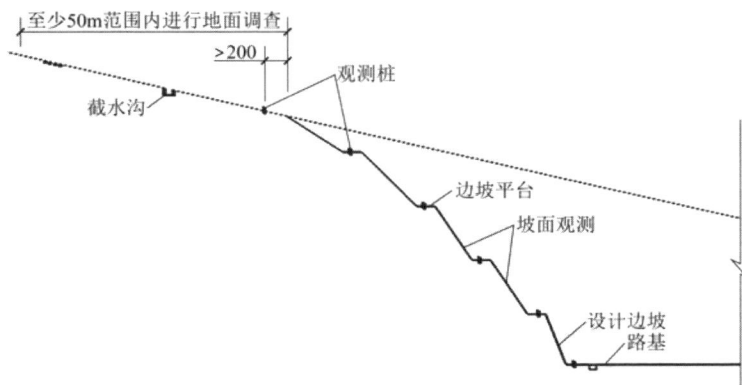

图 2.3-3　坡面观测点布置示意图

数字水准仪观测要求 表 2.3-5

沉降观测等级	视线长度/m	前后视距差/m	前后视距差累积/m	视线高度/m	重复观测次数/次
一等	≥4 且 ≤30	≤1.0	≤3.0	≤0.65	≥3
二等	≥3 且 ≤50	≤1.5	≤5.0	≤0.55	≥2

注：在室内作业时，视线高度不受本表限制。

数字水准仪观测限差（mm） 表 2.3-6

沉降观测等级	两次读数所测高差之差限差	往返较差及附合或环线闭合差限差	单程双测站所测高差较差限差	检测已测段高差之差限差
一等	0.5	$0.3\sqrt{n}$	$0.2\sqrt{n}$	$0.45\sqrt{n}$
二等	0.7	$1.0\sqrt{n}$	$0.7\sqrt{n}$	$1.5\sqrt{n}$

注：表中 n 为测站数。

图 2.3-4　数字水准仪

平面监测控制点及控制网满足以下要求：在场区变形影响区域以外、位置稳定、易于长期保存的地方，按照相关规范要求埋设布置 3 个以上水平位移控制点。控制点均匀分布于边坡外围，相互间通视，组成的导线网覆盖整片场地；控制网自由设站时，基准点与工作基点所形成夹角控制在 60°~150° 之间。

为减少对中误差，工作基点设置为强制对中观测墩，观测墩首先应满足每次监测时稳定可靠，其次要与后视点通视并且能尽可能多地覆盖监测点（图 2.3-4）。

2.3.2　监测点埋设安装、保护和损坏补救措施

2.3.2.1　边坡顶水平/竖向位移监测点埋设

边坡顶部的水平和竖向位移监测点沿边坡周边布置，重点布置在周边中部、阳角处。围护结构顶水平竖向位移监测点主要参照设计提供监测平面图布设，具体布置方法：在支护结构施工完毕后，用冲击钻钻孔，埋设专用监测点测钉（徕卡卡口标志），使用植筋胶进行固定，做好明显标记及保护装置以防破坏，或者在边坡或者支护结构构件上预埋钢筋或者钻孔打膨胀螺丝，用于固定底座，在中间圆筒支架上方安装小棱镜，在监测点外侧采用小保护盒（尺寸 12cm×12cm）遮挡，大大减小测钉受施工的影响，如测点有破坏，立即恢复（图 2.3-5）。

图 2.3-5　测钉、小棱镜图

2.3.2.2　竖向位移监测点埋设

从边坡边缘以外 1～3 倍边坡施工深度范围内需要保护的周边环境应作为监测对象。必要时扩大监测范围。根据边坡周边环境情况，边坡周边地表沉降点具体见监测平面布置图。具体测点埋设方法如下：

（1）周边地表及管线沉降点采用小型钻机以直径约 ϕ100mm 的钻头进行钻孔，用铁锤打入直径 20～25mm、顶部加工为半圆球的螺纹钢，螺纹钢顶部刻有十字丝，埋入土层至少 1m，顶部稍低于路面，然后用砂填孔，便于监测；孔的上部埋设有活动圆盖的塑料加工件；或高于地面，采用 150mm 的 PVC 管灌注水泥作为保护，钢筋头高于 PVC 管顶面，并涂红漆作为标记，以防破坏。

（2）周边建筑物沉降点，可以在建筑物承重结构上钻孔埋设沉降钉或贴沉降贴纸进行观测。如有破坏，立即修复。

沉降点如图 2.3-6 及图 2.3-7 所示。

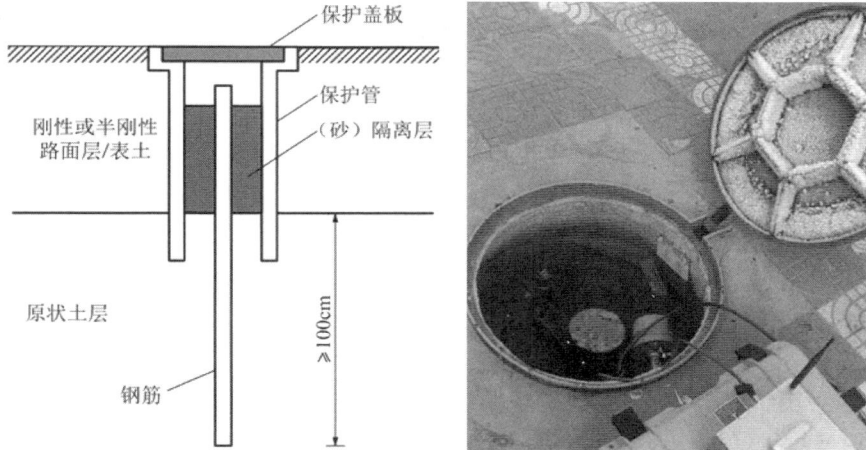

图 2.3-6　周边地表及管线沉降点示意图

图 2.3-7　周边建筑物沉降点示意图

2.3.2.3 深层水平位移监测点埋设

1）边坡支护结构深层水平位移监测点宜布置在边坡周边的中部、阳角处及有代表性的部位。监测点水平间距宜为 20～50m，每边监测点数目不应少于 1 个。本项目深层水平位移监测点参照设计提供的监测平面布置图布置，个别点位进行调整，具体位置见边坡监测平面布置图。测斜孔埋设安装方法：按监测平面布置图位置埋设测斜管，测斜管采用专用PVC 管，管内有互成 90°角的四个导向槽用以调整导槽的方向，使其中一对导槽平行于支护面，而另一对导槽则垂直于支护面而指向开挖面。

边坡支护结构测斜管埋设方法及步骤如下：

（1）测斜管安装于边坡支护结构钢筋笼内，沿着主筋绑扎牢靠，长度应等于或略小于钢筋笼长度。测斜孔应与水平位移监测点尽量靠近，或布置在同一根桩上。

（2）在连接测斜管时，要保证接头及导槽对接好，使导槽保持连续呈直线；接头处管底用铆钉紧密连结并密封。

（3）控制一对导槽的方向与边坡支护结构走向一致。

（4）吊装时，保证装有测斜管的钢筋笼匀速、缓缓地下放至孔底，浇筑混凝土后与边坡支护结构成为一体，并使测斜管略高于支护结构构件底部约 30cm，以便后期保护措施及接长。

（5）若支护结构施工时需要破桩头，预埋测斜管时，测斜管露出支护结构构件底部约30cm 并用钢管套住，避免测斜管在破除桩头时遭到破坏，确保预埋测斜管的成活率。

（6）边坡支护结构内测斜管的安装，首选在边坡支护结构（搅拌桩除外）施工时，预埋于边坡支护结构内，但在施工过程中，很难保证 100%测斜管预埋存活率，或者因业主未及时委托监测单位，当受委托的监测单位入场时，边坡支护结构已部分或基本完成施工。对于边坡支护结构内测斜管预埋失败或未及时预埋安装的情况，将采取以下补救措施：

①在边坡支护结构内进行钻孔埋设，钻孔埋设深度等于或略小于边坡支护结构长度。

②若在边坡支护结构内钻孔无法钻至桩底，且钻孔最大深度位置未达到边坡支护结构预计的最大变形特征点，拟采取在边坡支护结构桩间进行钻孔埋设。

③若边坡支护结构内预埋安装测斜管长度或边坡支护结构内钻孔深度未能达到设计或相关规范要求，但测斜管的最大深度位置超过了设计计算的边坡支护结构预计的最大变形特征点位置，可以上部管口作为深层水平位移的起算点，每次监测同时测定管口坐标的变化并修正该孔的深层水平位移。

2）土体或搅拌桩内测斜管埋设方法及步骤如下：

（1）土体测斜管通过钻孔埋设，土体埋设深度不宜小于边坡施工深度 1.5 倍，并应大于挡土墙的深度，但若边坡底部已入岩，则测斜孔插入坑底 2m，进入稳定岩层内即可。钻孔前需排查钻孔点位下方是否埋藏有管线，钻机是否有工作面（钻机行走路线宽度大概 3m）。

（2）搅拌桩内测斜管（图 2.3-8）通过钻孔埋设，埋设深度与搅拌桩深度一致或略长。

（3）土体或搅拌桩内钻孔过程中，要注意泥浆稠度，避免出现塌孔，严禁在泥浆内加入水泥等水凝材料以增加泥浆稠度，以避免测斜管安装埋设后堵塞，无法正常使用。

（4）测斜管安装过程中应保证斜管导槽的其中一对导槽平行于支护面，而另一对导槽则垂直于支护面而指向开挖面。测斜管埋设完成后，用细砂回填密实，土体或搅拌桩内钻孔埋设测斜管宜在数据采集前 2 周完成。

（5）测斜孔埋设后，应及时进行警示标识，并做保护措施（图 2.3-9），以免施工破坏。

图 2.3-8　测斜管绑扎　　　　　　　　图 2.3-9　测斜管保护措施

2.3.2.4　支护结构内力测点埋设

支护结构内力监测点宜设置在支护结构内力较大或在整个支护结构系统中起控制作用的杆件上；混凝土支护结构的监测截面宜选择在两支点间 1/3 部位，并避开节点位置。支护结构内力元件安装方法：混凝土支护结构内力监测采用混凝土应变计进行监测，应变计在支护结构梁搭接钢筋笼时捆绑在主筋上，并令其受力方向与主筋轴向平行，监测断面内一般应配置 4 个混凝土应变计，位置分别选择在四侧的中间位置或支护结构断面的角点处。支护结构内力监测采用表面应变计，将表面应变计安装固定在支护结构构件上下或左右表面（两个为一组）（图 2.3-10）。安装就位后，将监测导线引出地面并编号。

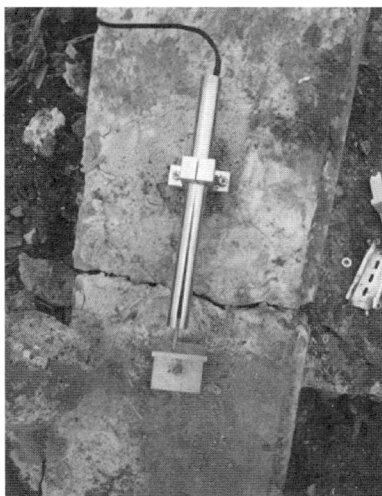

图 2.3-10　混凝土应变计安装示意图

2.3.2.5 竖向位移（沉降）监测点埋设

竖向位移监测点宜布置在边坡中部、多根支撑交汇处、地质条件复杂处的钢筋混凝土标墩上。测点具体埋设方法：按监测平面布置图布置，沉降监测点与支护结构桩顶水平位移监测点埋设方法类似，可在支护结构浇筑时埋入 $\phi20\sim\phi28$ 钢筋，在钢筋顶部固定小棱镜，或者在浇筑后钻孔埋设带反光片的测钉。沉降点如图 2.3-11 所示。

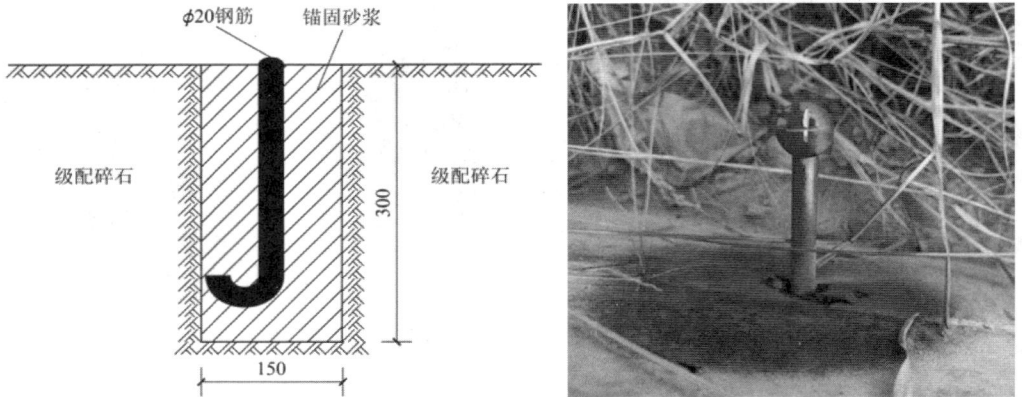

图 2.3-11　沉降点示意图

2.3.2.6 地下水位测孔埋设及观测

边坡外地下水位监测点应沿边坡、被保护对象的周边或在边坡与被保护对象之间布置，监测点间距宜为 20～50m。具体埋设安装方法：按监测平面布置图布设在边坡周边，距离边坡支护结构 2m 以上。水位观测孔采用工程钻机成孔，每个孔的深度至边坡底部之下 3～5m。成孔直径为 250mm，内置一根直径为 108mm 的镀锌钢花管，花管外侧包裹双层滤网，管外与孔壁间填充粒径 0～10mm 的干净粗砂（顶部 1.0m 利用黏性土封堵），水位管顶部需砌砖或水泥包裹然后再做保护罩进行保护。地下水位管见图 2.3-12。

图 2.3-12　地下水位管示意图

2.3.2.7　周边建筑物倾斜监测

建筑物倾斜监测主要针对重要的高层建筑物、高耸构筑物及已发生不均匀沉降的建筑物，采用基础不均匀沉降推算倾斜值。

监测点布设原则：

（1）对于进行倾斜监测的建（构）筑物，原则上每栋最少布置 2 组倾斜测点（每组 2 个），布置在面向边坡一侧，可直接利用本项目的建筑物沉降点。

（2）监测点布置在建筑角点、变形缝两侧的承重柱或墙上。

2.3.2.8　锚索内力测点埋设及观测

锚索的内力监测点选择在受力较大且有代表性的位置，边坡每边中部、阳角处和地质条件复杂的区段宜布置监测点。非预应力锚杆的应力监测根数不宜少于锚杆总数的 3%，预应力锚杆应力监测数量不宜少于锚杆总数的 5%，且不应少于 3 根，每层锚索的内力监测点数量应为该层锚索总数的 1%～3%，且均不少于 3 根。在每层锚索中，若锚索长度不同、锚索形式不同、锚索穿越的土层不同，则要在每种不同的情况下布设有代表性的锚索监测点。各层监测点位置在竖向上宜保持一致。锚索内力监测点具体位置见边坡监测平面布置图。

设备埋设与安装应遵守下列原则：

（1）施工锚索钻孔并注浆，等待水泥浆凝固。

（2）将测力计套在锚索外，放在钢垫板和工程锚具之间，将读数电缆接到观测站。

（3）在墙体受力面之间增设钢垫板，保证测力计与墙体受力面之间有足够的刚度，使锚索（杆）受力后，受力面位置不致下陷。

（4）安装过程中，随时进行测力计监测，观测是否有异常情况出现，如有应立即采取措施处理。锚索安装时必须从中间开始向周围锚索逐步对称加载，以免锚索测力计偏心受力。

（5）在轴力计安装好并锚杆施工完成后，进行锚杆预应力张拉，这时要记录锚杆轴力计上的初始荷载，同时要根据张拉千斤顶的读数对轴力计的结果进行校核。

锚索锁定时从里向外依次为垫板—锚索测力计—锚具—限位板—千斤顶—锚具；考虑到力的损耗，千斤顶压力需要达到设计锁定力的 1.1～1.5 倍，分级张拉，千斤顶压力达到锁定力时，测量并计算锚索测力计的压力，压力小于锁定力时继续增压，直至等于或略大于锁定力，切勿立马卸力，等 5～10min 后再卸力，卸力之后再测一次锚索测力计压力，达到锁定力的 80%～110% 为合格，锁定力较小时重复以上步骤。

2.3.2.9　土钉内力监测

土钉内力监测点的安装方法：将钢筋计焊接或套筒连接在靠土钉端头 1/4～1/3 土钉长度的位置。土钉插入锚孔后，将导线引出，并妥善保护，并在取下一层土方开挖前连续 2d 获得的稳定测试数据的平均值作为初始值。

土钉钢筋计安装方法：

（1）将土钉在外露端 1/3 长度位置截断，可以采用焊接或车丝的方法，把钢筋计与该测试土钉连接起来，连接示意图见图 2.3-13。

图 2.3-13　土钉测力计安装示意图

（2）钢筋计采用焊接方式连接时，先将钢筋计专用定制的连接杆分别焊接在土钉断开处，待焊接冷却后，通过丝口拧紧，将钢筋计与土钉连成整体。

（3）采用车丝连接时，先将截断的土钉两端，按钢筋计丝口规格进行车丝，然后拧紧连接即可，建议采用车丝连接。

（4）土钉在插入边坡时，注意保护导线，防止导线被外物扯断，并将导线顺着土钉引至土钉钻孔外，并进行保护。在后期边坡各工序交叉施工中均应对工人进行交底，注意保护好导线，以保证土钉内力监测的有效性。

2.3.2.10　裂缝监测

边坡表面张性裂缝的出现和发展往往是边坡岩土体即将失稳破坏的前兆，因此这种裂缝一旦出现，必须加强监测。监测内容包括裂缝的拉开速度和两端扩展情况，如果速度突然增大或裂缝外侧岩土体出现显著的垂直下降位移或转动，预示着边坡即将失稳破坏。地表裂缝位错监测可采用测缝计和裂缝计、伸缩仪、位错计量计，测量精度为 0.1～1.0mm。对于规模小、地质简单的边坡，可通过在裂缝两侧设桩，固定标尺或裂缝两侧贴片等方法直接测量位移量，如图 2.3-14 所示。

（1）裂缝监测应测定裂缝的位置分布和裂缝的走向、长度、宽度、深度（图 2.3-15）及其变化情况。深度观测宜选在裂缝最宽的位置。

（2）对需要观测的裂缝应统一编号。每次观测时，应绘出裂缝的位置、形态和尺寸，注明观测日期，并拍摄裂缝照片。

（3）每条裂缝应至少布设 3 组观测标志，其中一组应在裂缝的最宽处，另两组应分别在裂缝的末端。每组应使用两个对应的标志，分别设在裂缝的两侧。

（4）裂缝观测标志应便于量测。长期观测时，可采用镶嵌或埋入墙面的金属标志、金属杆标志或楔形板标志；短期观测时，可采用油漆平行线标志或用建筑胶粘贴的金属片标志。当需要测出裂缝纵、横向变化值时，可采用坐标方格网板标志。采用专用仪器设备观测的标志，可按具体要求另行设计。

图 2.3-14　裂缝位移测量

图 2.3-15　裂缝深度测试仪

2.3.3　监测数据采集

2.3.3.1　水平位移监测

监测仪器：全站仪。

监测方法：全圆观测。

定向方法：测定特定方向水平位移宜采取视准线法、小角法或方向线偏移法等方法；测定监测点任意方向水平位移宜采取前方交会、自由设站、导线测量或极坐标等方法。

监测项目：边坡顶水平位移；边坡底水平位移；建筑物/管线水平位移。

水平位移监测注意事项：

（1）用于监测任务全站仪精度要达成对应监测网等级要求。

（2）仪器进场前，按要求对仪器进行校准或检定；每日使用完成后，要检验全站仪电池电量，并按要求完成仪器维护工作。

（3）必须使用和全站仪配套反射棱镜进行测距。

（4）测量前要检验仪器参数和状态设置，如角度、距离、气压、温度单位，最小显示、测距模式、棱镜常数、水平角和垂直角形式、双轴更正等。可提前设置好仪器，在测量过程中不再改动。

（5）测线宜高出地面 1.3m 以上，并避开障碍物、背景部分有反光材料物体及避免经过发热体（如散热塔、烟囱等）和较宽水面上空，以减小折光影响。

（6）测站应避开受电、磁场干扰地方，应离开高压线 5m 以上，手机、对讲机应远离测线使用。

（7）在大气稳定和成像清楚条件下观察，雾、雨、雪天气不宜观察。

（8）避免阳光暴晒、雨水淋湿仪器，严禁照准镜头对向太阳。

（9）测站、镜站不准离人。

（10）整个监测期间，应做到固定监测仪器、固定监测人员、固定监测路线和测站、固定监测周期或合适调整后周期及对应时段。

2.3.3.2　竖向位移监测

监测仪器：水准仪、全站仪。

监测方法：二等水准、三角高程（全站仪）。

监测项目：边坡顶竖向位移、建筑物/管线/地表沉降。

竖向位移监测注意事项：

（1）整个监测期间，应做到固定监测仪器、固定监测人员、固定监测路线和测站、固定监测周期或合适调整后周期及对应时段。

（2）定时进行基准点校核检验和仪器校验。

（3）统计每次测量时气象情况、施工进度和现场工况，以供分析监测数据时参考。

（4）在大气稳定和成像清楚条件下观察，雾、雨、雪天气不宜观察。

（5）避免阳光暴晒、雨水淋湿仪器，严禁照准镜头对向太阳。

（6）测站不准离人。

（7）观察开始前仪器进行一定时间晾置，使仪器温度和外界环境保持一致。

2.3.3.3 深层水平位移（测斜）监测

监测仪器：测斜仪、测斜自动化监测设备。

监测方法：人工测斜仪 0.5m 测读一次/自动化 1m 测读一次。

监测项目：边坡支护结构/土体/边坡深层水平位移。

自动化监测要求：一级边坡自动化监测孔不少于 20%，且不少于 3 孔。

测斜注意事项：

（1）深层水平位移监测应选择适宜匹配测斜管、测斜仪，避免测斜仪探头在测斜管内太紧而卡住或太松而滑槽。

（2）因测斜仪探头在管内每隔 0.5m 测读一次，故对测斜管接口位置要正确计算，避免接口设在探头滑轮停留处。

（3）测斜管中有一对槽口应自上而下一直垂直于监测关注方向，若因安装原因致使槽口扭转而不垂直于边坡边线，则须同时对两对槽口（即两个方向）进行测试，然后在同一深度取矢量和。

（4）测点间距应严格为 0.5m，以和探头设计量距一致，严禁取 1.0m 测点间距，而造成测试结果人为偏离。

（5）为消除仪器本身误差，必须同时进行正、反方向测读。

（6）每天跟踪自动化检测设备是否能正常工作，是否受施工影响。

2.3.3.4 内力监测

监测仪器：读数仪、内力自动化采集设备。

监测方法：人工或自动化。

监测项目：挡土墙背土压力监测、抗滑桩内力监测项目。

自动化监测要求：一级边坡内力应全部采用自动化监测。

挡土墙背土压力监测注意事项：

（1）挡土墙背土压力、抗滑桩内力可选择钢筋应力计进行测定，支护结构轴力亦可考虑在混凝土内埋设混凝土应变计进行测定。

（2）各传感器数据传输线应引至日常方便施测且不宜受损处，测线应有显著编号标识，测线宜从厂家订货时一次定型，中间不宜有接头。

（3）全部传感器在安装前必须测试、统计频率读数，确保传感器有效；高温电焊过程中需保持对传感器连续测试，以防发生安装返工；钢筋笼下放前、下放后，必须对全部传感器进行频率读数测试、统计；浇筑混凝土后，应按 1 次/7 天～1 次/天进行频率测试、统计，监测频率变换视传感器频率改变情况确定。

（4）各内力监测项目频率初读数以待监测工况发生前已安装传感器实际稳定频率为准，应最少测读两次以上，取均值作为频率初读数。

（5）各内力监测项目宜固定每次监测时段且宜固定在早上或晚上（尤其是在夏季），以降低气温对内力监测的影响。

2.3.3.5　地下水位监测

监测仪器：钢尺水位计、斯比特水位计（配套读数仪）、水位自动化采集设备。

监测方法：人工或自动化。

监测项目：周边地下水位。

自动化监测要求：一级边坡周边水位监测应全部采用自动化监测。

地下水位监测注意事项：

（1）水位管管口要高出地表并做好防护墩台，加盖保护，以防雨水、地表水和杂物进入管内。

（2）水位管处应有醒目标志，避免施工损坏。

（3）在监测了一段时间后，应对水位孔逐一进行抽水或灌水试验，看其恢复至原来水位所需时间，以判定其工作可靠性。

（4）每天跟踪自动化检测设备是否能正常工作，是否受施工影响。

2.3.3.6　锚索（土钉）拉力监测

监测仪器：读数仪、内力自动化采集设备。

监测方法：人工或自动化。

监测项目：锚索（土钉）拉力。

自动化监测要求：一级边坡锚索拉力监测应全部采用自动化监测。

围护体内力监测注意事项：

（1）锚索拉力监测可选择测力计进行测定。

（2）各传感器数据传输线应引至日常方便监测且不宜受损处，测线应有显著编号标识，测线宜在厂家订货时一次定型，中间不宜有接头。

（3）全部传感器在安装前必需测试、统计频率读数，确保传感器有效；锚索锁定前后，必须对全部测力计进行频率读数测试、统计，监测频率变换视传感器频率改变情况确定。

2.3.4　现场巡检

2.3.4.1　巡检要求

（1）每次进场监测时监测人员同步进行现场巡视。

（2）负责人带队巡查应经常进行，一般一周一次，雨期应加密。

2.3.4.2　巡检内容

（1）边（滑）坡地表或排水洞有无新裂缝、坍塌，原有裂缝有无扩大、延伸，断层有无错动。

（2）地表有无隆起或下陷，边坡周边地面有无超载。

（3）滑坡后缘有无拉裂缝；前缘有无剪出口出现；局部楔体有无滑动现象。

（4）排水沟、截水沟是否通畅，排水孔是否正常；是否有新的地下水露头，原有的渗水量和水质有无变化。

（5）安全监测设施有无损坏，有无影响观测工作的障碍物。

2.3.5　监测数据处理及分析

本节内容参见第 1.3.5 节。

2.3.6　监测成果展示和预警机制

2.3.6.1　监测日报、简报、月报的主要内容

1）施工工况

包括边坡施工进度情况及周边邻近其他施工项目的情况（施工内容、方法、进度等）。

2）监测工作情况

包括监测点变更情况和理由，当工程出现变形异常时，发出预警或报警的监测资料情况和监测频率变动情况的说明，监测工作存在的问题等。

3）监测成果分析及变形趋势预测分析

分项做出分析和结论。对监测点（尤其是变形大的点）做出当月（周）的综合分析，指出"变化趋势"是否趋于稳定，做出该点变形对周围环境的影响是否安全的评价。对服务商的监测资料作关联分析。结合水位变化、周围工况和地质条件分析变形较大的原因（变形较小的正常点也可以分类合并说明）。

4）结论及建议

在数据分析的基础上，对本期变形给出结论性意见，对数据异常或超出预警值的测点，从监测与施工两方面提出改进的措施。

5）各监测项目变化曲线图

（1）等沉降曲线图（适合于沉降监测项目）；（2）深度－位移曲线图（适合于位移监测项目）；（3）变形收敛图（适合于位移监测项目）；（4）滑坡位移－时间曲线图（适合于滑坡监测项目）。

6）监测成果表汇总

按规定的格式分项归类、汇总，各测点的监测数据按监测日期顺序准确填报，填表者、校核者应签名。

7）监测点分布示意图

图上监测点号与监测成果表中的点号相一致，如有新增点或变更点，在新增或变更当月表示在示意图上。

注：在遇到观测值变化速率加快，或者自然灾害如暴雨、台风、地震等情况时，以日

报方式或随时向业主报告监测结果；当变形值或变形速率达到变形控制标准值时，立即口头上报相关各方，并于 24h 内提交书面报告。

2.3.6.2　监测日报、简报、月报的时效

（1）日报

当日监测结束后发监测日报。

（2）简报

监测频率大于两天一次，宜每周出一次简报。

监测频率小于两天一次，宜每两周出一次简报。

出简报周期不宜大于半个月，工地有特殊要求除外。

（3）月报

每月最后一次盖章前完成一次月报，并上传住建系统。

2.3.6.3　边坡工程施工过程中的预警机制

（1）有软弱外倾结构面的岩土质边坡支护结构坡顶有水平位移迹象或边坡支护结构受力裂缝有发展；无外倾结构面的岩质边坡支护结构构件的最大裂缝宽度达到国家现行相关标准的允许值；土质边坡支护结构坡顶的最大水平位移已大于边坡开挖深度的 1/500 或 20mm，以及其水平位移速度已连续 3d 大于 2mm/d。

（2）土质边坡坡顶邻近建筑物的累计沉降、不均匀沉降或整体倾斜已大于现行国家标准《建筑地基基础设计规范》GB 50007 规定允许值的 80%，或建筑物的整体倾斜度变化速度已连续 3d 大于 0.00008°/d。

（3）坡顶邻近建筑物出现新裂缝、原有裂缝有新发展。

（4）边坡支护结构中有重要构件出现应力骤增、压屈、断裂、松弛或破坏的迹象。

（5）边坡底部或周围岩土体已出现可能导致边坡剪切破坏的迹象或其他影响安全的征兆。

（6）根据当地工程经验判断已出现其他必须报警的情况。

对地质条件特别复杂的、采用新技术治理的一级边坡工程，应建立边坡工程长期监测系统。边坡工程监测系统包括监测基准网和监测点建设、监测设备仪器安装和保护、数据采集与传输、数据处理与分析、预测预报或总结等。

2.4　监测结束

2.4.1　工作量确认表

1）监测日常工作量确认表

包含内容：①工程名称；②监测项目类别；③监测时间；④监测项目点号及点次；⑤确认人签名。

监测日常工作量确认表每次监测完现场联系监理确认签字。

2）技术服务工作量确认表

包含内容：①工程名称及编号；②委托单位；③监测时段；④工程地点；⑤委托部门；⑥项目进度；⑦工程量确认表编号；⑧完成工程量内容；⑨三方（监测单位、监理单位和

委托单位）签字盖章确认（表 2.4-1）。

工作量确认表签署时效：

（1）月产值小于等于 10 万元，宜每三个月签一次工作量确认表。

（2）月产值大于 10 万元、小于等于 20 万元，宜每两个月签一次工作量确认表。

（3）月产值大于 20 万元，宜每月签一次工作量确认表（表 2.4-1）。

技术服务工作量确认表　　　　　　　　表 2.4-1

合同编号		委托单位	
合同名称		工程地点	
监测时段		责任部门	
项目进度	是□ 否□ 全部完工	工作量确认表编号	
委托工作量（含委托监测内容、计价单位、委托监测数量）			
完成工作量（含实际检测内容、计价单位、实际检测数量）	服务单位确认：　　　　　　　日期：　　年　　月　　日		
监理单位审核确认	签名：　　　　　　　日期：　　年　　月　　日		
委托单位审核确认	签名：　　　　　　　日期：　　年　　月　　日		

2.4.2　边坡监测完工证明

监测工程完工后须第一时间书面通知监理和建设单位确认，见表 2.4-2，确认完成后对项目进行归档。边坡监测完工证明内容包含：①合同号；②委托单位；③工程项目；④工程地点；⑤进退场时间；⑥责任部门；⑦项目进度；⑧完工证明编号；⑨服务单位确认内容；⑩监理和建设单位确认。

技术服务项目完工证明　　　　　　　　表 2.4-2

合同号		委托单位		
工程项目			工程地点	
进场日期		退场日期	责任部门	
项目进度			工作量确认表编号	

续表

服务单位 确认	服务单位确认: 日期:　　　年　　月　　日
监理单位 审核确认	签名: 日期:　　　年　　月　　日
建设单位 审核确认	签名: 日期:　　　年　　月　　日
备注	

2.4.3　完工报告

工程结束时应提交完整的监测报告,监测报告是监测工作的回顾和总结,项目完工后一周内完成完工报告编制工作,监测报告主要包括如下几部分内容:

①工程概况;②监测依据;③监测项目;④监测点布置;⑤监测设备和监测方法;⑥监测频率;⑦监测报警值;⑧各监测项目全过程的发展变化分析及整体评述;⑨监测工作结论与建议。

第⑧部分是监测报告的核心,该部分在整理各监测项目的汇总表、各监测项目时程曲线、各监测项目的速率时程曲线;各监测项目在各种不同工况和特殊日期变化发展的形象图的基础上,对边坡及周围环境各监测项目的全过程变化规律和变化趋势进行分析,提出各关键件或位置的变位或内力的最大值,与原设计预估值和监测预警值进行比较,并简要阐述其产生的原因。在论述时应结合监测日记记录的施工进度、挖土部位、出土量多少、施工工况,天气和降雨等具体情况对数据进行分析。

第⑨部分是监测工作的总结与结论,通过边坡支护结构受力和变形以及对相邻环境的影响程度对边坡设计的安全性、合理性和经济性进行总体评价,总结设计施工中的经验教训,尤其要总结根据监测结果在对施工工艺和施工方案的调整和改进中所起的作用。

2.5　监测管理

2.5.1　人员管理

(1)项目监测人员应经过培训而且经过公开考评,持有对应资格和上岗授权证实后方可正式上岗。

(2)培训中人员应在持证人员监督下方可进行工作,并由监督人员负责其行为结果。

(3)项目负责人应具有中级及以上职称,项目其他人员应持有边坡监测量测技术证书。

（4）项目负责人作为项目最高管理人员，应对监测项目担负全方面管理职责。

2.5.2 仪器管理

（1）应选择或采购符合本项目监测精度要求各类仪器。

（2）仪器应标定，正确张贴标识，并在使用期内使用。

（3）仪器应有流转统计。

（4）仪器使用时应正确根据操作说明进行，用后应清洁维护保养，正确置放，并做好使用统计。

（5）仪器出现故障或意外损坏，应立即通知企业相关部门，经处理并核定可用后方可继续使用。

2.5.3 材料管理

（1）监测材料应由项目经理预先编制采购进场计划，并报送企业相关部门。

（2）应选择或采购符合本项目监测要求的各类监测材料（尤其是各类传感器量程、分辨率、精度、导线长度等）。

（3）到场材料必须进行数量、规格、技术指标和质量验收，并填写验收单。有不符合要求时应立即通知企业相关部门协同处理。

（4）对不能立即安装，需要临时存放的材料，应注意存放保护要求，避免气候、环境、施工作业等原因造成监测材料性能下降甚至损坏等情况。

第3章

高大支模监测

3.1 概述

3.1.1 高大支模自动化监测简介

所谓高大支模自动化监测是指在高大模板混凝土浇捣过程中，采用实时监测的自动化措施，对高大模板进行预压监测和混凝土浇筑过程中的安全监测。

高大支模监测目的：

（1）监控高大支模的工作状态，协助现场施工人员及时发现高大支模的异常变化，及时分析和采取加固等补救措施，预防和杜绝支架坍塌事故的发生。

（2）当监测参数超过报警值时，及时报警，通知现场作业人员停止作业、迅速撤离现场，避免重大安全事故的发生。

3.1.2 参考规范标准及相关文件

（1）《危险性较大的分部分项工程安全管理规定》（中华人民共和国住房和城乡建设部令第37号）

（2）《住房城乡建设部办公厅关于实施〈危险性较大的分部分项工程安全管理规定〉有关问题的通知》（建办质〔2018〕31号）

（3）《关于印发广东省住房和城乡建设厅关于〈危险性较大的分部分项工程安全管理办法〉的实施细则的通知》（粤建质〔2011〕13号）

（4）《广州市住房和城乡建设委员会关于推进全市超过一定规模危险性较大的混凝土模板支撑工程和承重支撑体系自动化安全监测工作的通知》（穗建质〔2017〕1006号）

（5）《模板工程安全自动监测技术规程》T/CECS 542—2018

（6）《高大模板支撑系统实时安全监测技术规范》DBJ/T 15—197—2020

3.1.3 高大支模监测判定

3.1.3.1 监测范围

房屋建筑与市政基础设施等施工现场搭设高度8m以上，或搭设跨度18m及以上，或施工总荷载（设计值）15kN/m² 及以上，或集中线荷载（设计值）20kN/m 及以上的混凝土模板支撑工程。

3.1.3.2 判定计算方法

（1）现场搭设高度8m以上，或搭设跨度18m及以上，直接通过设计图纸或施工方案直接判定。

（2）施工总荷载（设计值）15kN/m² 及以上，一般需要通过转换计算根据混凝土板厚度来判定是否需要进行监测，具体转换方法如下：施工总荷载 = 永久荷载（钢筋混凝土自重 + 模板木方的自重）× 分项系数 + 施工均布活荷载 × 分项系数。

其中钢筋混凝土自重取：板厚（m）× 25kN/m³；

模板木方的自重取：0.3kN/m²；

施工均布活荷载取：3kN/m²；

永久荷载分项系数取 1.2；

施工均布活荷载分项系数取 1.4。

将混凝土板厚度代入以上公式，即可判定是否需要进行监测。

（3）集中线荷载（设计值）20kN/m 及以上，一般需要通过转换计算根据混凝土梁的界面尺寸来判定是否需要进行监测，具体转换方法如下：

集中线荷载 = 永久荷载（钢筋混凝土自重 + 模板木方的自重）× 分项系数 + 施工均布活荷载 × 分项系数

其中钢筋混凝土自重取：梁截面积（m²）× 26kN/m³；

模板木方的自重取：梁界面模板的周长（m）× 0.5kN/m²；

施工均布活荷载取：3kN/m²；

永久荷载分项系数取 1.2；

施工均布活荷载分项系数取 1.4。

将混凝土梁界面尺寸代入以上公式，即可判定是否需要进行监测。

3.1.4 高大支模监测项目

高大支模监测项目应根据表 3.1-1 进行选择。

高大支模监测项目   表 3.1-1

监测对象	监测项目
支撑结构	立杆轴力
	水平位移
	沉降
	倾斜

注：1. 基础沉降包含绝对沉降及相邻测点差异沉降；
    2. 当施工荷载较大或基础可能产生较大变形时，应进行基础沉降监测；
    3. 当采用贝雷架、外支型钢等可能产生水平位移的结构作为基础时，除应进行沉降观测外，还应进行水平位移监测；
    4. 对于门洞支架，应根据支架搭设形式、周边环境选择合适的方法，加强监测。

3.2 前期准备工作

3.2.1 监测流程（图 3.2-1）

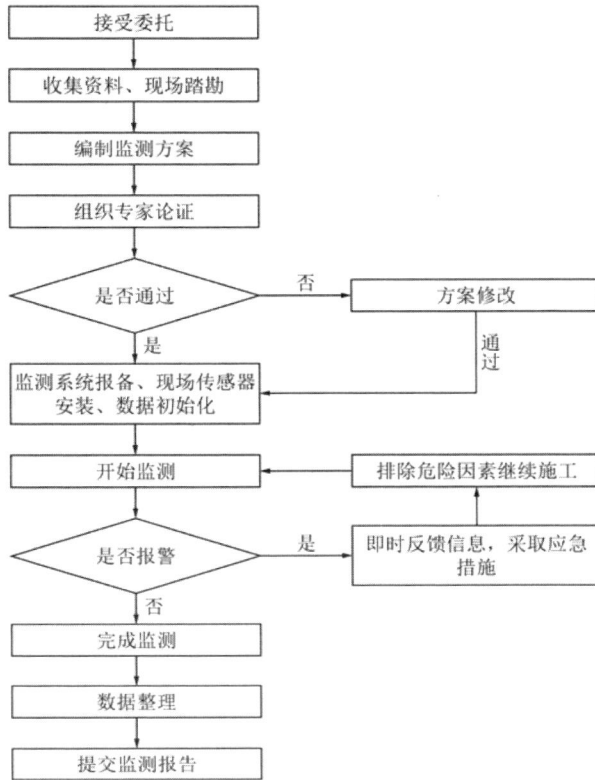

图 3.2-1 监测流程图

3.2.2 现场踏勘

项目开始前需实地了解现场施工进度及周边环境情况，现场踏勘关键内容包含：

（1）掌握建设单位和相关单位的具体要求；

（2）工地所处地理位置、交通情况；

（3）复核模板现场搭设与模板施工方案是否一致，应根据现场实际情况编制监测方案。

3.2.3 监测方案

3.2.3.1 资料收集

资料收集主要包含：

（1）模板支撑系统的设计图纸；

（2）模板支撑系统的计算书；

（3）模板支撑系统施工方案；

（4）专项专家评审意见书。

3.2.3.2 方案编写

监测方案应包含下列内容：

（1）工程概况；

（2）监测目的和依据；

（3）监测内容及项目；

（4）监测方法及精度；

（5）监测周期和监测频率；

（6）监测报警及应急预案；

（7）监测数据处理及信息反馈；

（8）监测人员和设备；

（9）现场作业安全及文明施工；

（10）监测成果内容及监测成果报送；

（11）监测点平面与立面布置图。

3.2.3.3 方案专家论证

1）专家论证判定标准及要求

根据住房和城乡建设部印发的《危险性较大的分部分项工程安全管理规定》（建办质〔2018〕37号），超过一定规模的危险性较大的分部分项工程，混凝土模板支撑工程搭设高度在8m及以上、搭设跨度18m以上、施工总荷载15kN/m²及以上、集中线荷载20kN/m以上的模板支撑体系应当组织专家对专项方案进行论证。

2）专家论证前准备工作

（1）专家论证前的监测方案需经监理签字盖章；

（2）与各参建单位及专家确定方案评审时间和会议地址；

（3）提前将方案发给专家熟悉；

（4）准备好方案审查表；

（5）提前半小时到达会议现场，检查资料是否齐全。

3）专家论证工作

（1）介绍与会各方；

（2）选取专家组长；

（3）汇报方案；

主要介绍高大模板的工程概况/模板支撑方案设计/高大支模监测区域/监测内容数量及监测方法等；

（4）参建各方补充意见；

（5）专家提问；

（6）专家汇总意见并宣读；

（7）专家署名；

（8）根据专家意见修改方案，专家签字确认后形成最终版监测方案。

3.2.3.4 方案调整

现场监测应严格按监测方案实施，当出现以下情况时，第三方监测单位应与委托单位及相关单位研讨并调整监测方案：

（1）现场高大支模搭设与专项施工方案不符；

（2）浇筑部位不在监测方案范围内；

（3）专项施工方案有重大变更。

3.2.4　安全交底

进场作业之前由公司（部门）安全负责人和项目负责人对现场作业人员进行安全教育，签署安全技术交底表（一式两份），留档备查。

安全技术交底内容：

（1）严格执行有关标准规范和安全生产规定，仪器设备包含有效的计量检定（校准）证。每个监测项目要做到"三同"（同人、同仪器、同观测线路）。

（2）进入现场，必须戴好安全帽，正确使用个人劳动防护用具。

（3）注意作业区环境状况和安全警示标志，交叉作业时注意预防可能发生的高空坠物和地面障碍。

（4）当监测点安装环境存在安全隐患时，安装和监测人员不得入内，待安全隐患排除后方可入内安装和监测。

（5）不得倚靠周围的脚手架，防止坠落事故发生。注意场地的线路，防止触电。

（6）监测结果有异常时应连续监测并及时向项目负责人报告。

3.2.5　布点准备

（1）布点材料

主要包括高大支模监测点的数量及平面位置图、自动化监测传感器、主机、安全警戒线及 220V 线圈。

（2）布点工具

扳手、手钳、手电筒、鱼线、小锤、钉子等。

3.3　正式监测

3.3.1　监测点埋设及安装

3.3.1.1　监测点安装前的准备工作

现场监测点安装前，需要现场踏勘确认是否满足安装要求，出现以下几种情况时，应暂缓安装：

（1）浇筑部位不在监测方案范围内；

（2）现场高大支模搭设未具备安装条件，比如模板钢筋未绑扎好，监理验收未通过等；

（3）监测点安装环境存在安全隐患；

（4）未对安装人员进行安全交底；

（5）安装人员未做好安全防护措施；

（6）委托单位未提供纸质版监测点相关信息资料。

3.3.1.2 监测点埋设原则

（1）监测点应布设在支架薄弱、荷载较大等关键部位；

（2）监测点平面位置宜按网格形式布设，水平间距宜为10～15m，同部位各监测项目宜布设于同一构件或邻近构件，以便数据分析、相互验证；

（3）监测点应布设合理，标识明显且安装稳固；

（4）监测点的布置应不妨碍高大支模工程的正常施工，减少对施工作业的影响，且利于监测点的保护和仪器调试。

3.3.1.3 立杆轴力监测点埋设

立杆轴力监测点宜布设在立杆可调拖撑与主楞之间，轴力计与立杆、面板或楞梁间应保持紧密接触，接触面应平整，保证接触均匀，安装位置见图3.3-1。

图3.3-1 立杆轴力监测点现场安装图

3.3.1.4 水平位移及倾斜监测点埋设

水平位移及倾斜监测点应在高大支模的不同高度设置监测点，监测点竖向间距宜根据水平剪刀撑高度布设，但不宜大于6m，水平位移和倾角监测点宜分别在水平面上两个相互垂直方向上布设，安装位置见图3.3-2。

图3.3-2 水平位移及倾斜监测点现场安装图

3.3.1.5　沉降监测点埋设

沉降监测点的布设位置应与水平位移、倾斜监测点的平面位置相对应，安装位置见图 3.3-3。

3.3.2　监测点验收

（1）监测点布设完成后，应通知监理单位现场验收，并填写好监测点验收表留底归档；

（2）验收未通过不能进行监测，按照监理单位意见整改确认没问题后再开始监测。

3.3.3　监测精度

3.3.3.1　立杆轴力监测

图 3.3-3　沉降监测点现场安装图

荷载传感器量程应大于荷载设计计算值的 2～3 倍，其精度不宜低于 0.5%F.S，分辨率不宜低于 0.2%F.S。

3.3.3.2　水平位移监测

水平位移传感器量程宜为报警值的 3～6 倍，监测精度不低于 1.0mm。

3.3.3.3　倾斜监测

倾斜传感器的量程不宜小于变形控制值的 3～6 倍，观测精度不低于 0.01°。

3.3.3.4　沉降监测

沉降传感器量程宜为控制值的 3～6 倍，监测精度不低于 1.0mm。

3.3.4　监测报警值

1）高大支模实时安全监测报警值应满足专项施工方案要求，监测报警值宜由高大支模工程设计方确定。

2）高大支模监测报警值由监测项目的累计变化量控制。报警值应根据高大支模工程设计要求与专项施工方案确定，并可参考表 3.3-1。

高大支模监测报警值　　　　　　　　　　　　　　　　　表 3.3-1

监测对象	监测项目	报警值
支撑结构	立杆轴力	后加荷载设计值
	水平位移	12mm
	沉降	8mm
	倾斜	4‰

3）当出现下列情况之一时，必须立即进行危险报警，并采取应急措施：

（1）监测数据达到报警值；

（2）巡检时发现高大支模出现明显变形、结构松动、有异常响声等情况时；

（3）高大支模的杆件出现过大变形、倾斜、断裂或弯曲等明显破坏现象；

（4）模板断裂，混凝土泄漏；

（5）基础开裂或下陷；

（6）根据当地工程经验判断，出现其他必须进行危险报警的情况。

3.3.5 监测频率

1）高大支模实时安全监测应贯穿混凝土浇筑施工全过程。监测周期应从混凝土浇筑施工前进行初始值采集，至混凝土施工完成后，施工人员、施工机械清场撤离，且监测数据无持续增大趋势为止。

2）监测频率不宜低于 2 次/min，计量和出具报告一般按照每隔 30min 统计 1 次数据作为计量监测次数和监测报告数据。

3）当出现下列情况之一时，应提高监测频率：

（1）基础条件差异较大，采用门洞、型钢悬挑支架等作为基础时；

（2）采用跨空或悬挑支撑结构时，或支架的高度大于横向宽度的 3 倍时；

（3）周边环境复杂、人流较多、交通繁忙、存在重要保护建（构）筑物等情况；

（4）监测数据达到报警值或监测数据变化较大时；

（5）存在可能影响基础安全的沟槽开挖等施工情况时；

（6）出现其他影响监测对象及周边环境安全的异常情况。

3.3.6 现场实时监测

1）高大支模工程应进行连续、实时监测，并根据工程现场工况建立监测站，构建监测自动化系统，可配置网络平台实施同步远程监测。

2）监测自动化系统应具有以下功能：

（1）监测系统的采样频率满足连续、实时的监测要求；

（2）具有数据采集、传输、处理及显示监测结果的功能；

（3）具有仪器、通信设备的状态判别及监测预警、报警功能；

（4）具有数据查询、数据分析及项目管理一体化功能；

（5）具有电源管理保护、网络及防雷安全保护功能。

3）开始监测前，应对传感器进行调试，调试确认没问题后，进行归零设置，采取初始值。

4）监测时间从开始浇筑到混凝土初凝，施工人员清场撤离后，且监测数据稳定为止。

5）监测过程中，发生报警情况，要立即通知监理单位、施工单位和业主单位，并根据现场实际情况及时分析报警原因，确认数据是真实报警还是误报警。

6）数据发生真实报警，需立即通知安监站，并立即启动应急预案，要求现场暂停浇筑，由安监站、专家及各参建单位排除安全隐患，书面达成一致意见后，才能继续浇筑和监测。

7）数据发生误报警，需消除产生误报警的影响因素，避免后续再次发生数据误报警。

8）监测站点及监测人员互动区域应确保安全、通视，方便巡查、撤离。

3.3.7 现场巡检

1）首次巡视检查宜在仪器安装调试前实施，监测过程中应定期进行巡视检查，记录高大支模施工工况、监测设施工作状态等情况；

2）巡视检查以目测检查为主，可辅助摄像、摄影设备或其他工具进行；

3）巡视检查如发现异常或危险情况，应及时通知监理单位、业主单位和施工单位，当出现下列情况之一时，必须立即进行危险报警，并采取应急措施：

（1）监测数据达到报警值；

（2）巡视发现高大支模出现明显变形、结构松动、有异常响声等情况时；

（3）高大支模的杆件出现过大变形、倾斜、断裂或弯曲等明显破坏迹象；

（4）模板断裂，混凝土泄漏；

（5）基础开裂或下陷；

（6）根据经验判断，出现其他必须进行报警的情况。

4）巡视检查宜按《高大模板支撑系统实时安全监测技术规范》DBJ/T 15—197—2020 附录 A 记录。

3.3.8　监测成果展示

现场监测完成后，应按照委托单位工期要求及时提供本次监测情况的简报，简报主要内容应包括：

（1）工程概况；

（2）监测依据；

（3）监测日期及监测区域；

（4）监测项目及报警值；

（5）监测结果及小结；

（6）建议；

（7）监测点平面布置图。

3.4　监测结束

3.4.1　工作量确认表

（1）监测日常工作量确认表

包含内容：

工程名称；

监测项目类别；

监测时间；

监测项目点号及点次；

确认人签名。

监测日常工作量确认表每次监测完，现场联系监理人员确认签字。

（2）技术服务工作量确认表

包含内容：

工程名称及编号；

委托单位；

监测时段；

工程地点；

委托部门；

项目进度；

工程量确认表编号；

完成工程量内容；

三方（监测单位、监理单位和委托单位）签字盖章确认。

3.4.2　完工证明

监测工程完工后须第一时间书面通知监理和建设单位确认，确认完成后对项目进行归档。高支模监测完工证明内容包含：①合同号；②委托单位；③工程项目；④工程地点；⑤进退场时间；⑥责任部门；⑦项目进度；⑧完工证明编号；⑨服务单位确认内容；⑩监理和建设单位确认。

3.4.3　完工报告

整个项目高大支模监测完成后，应按照委托单位工期要求及时提供本项目高大支模的竣工报告，竣工报告主要内容应包括：

（1）工程概况；

（2）监测依据；

（3）监测仪器；

（4）监测内容及数量；

（5）监测方法；

（6）监测频率及报警；

（7）监测数据及分析；

（8）监测结论；

（9）监测点布置平面图；

（10）监测成果曲线图；

（11）监测成果附表。

3.4.4　资料归档

应对高大支模监测的巡查记录、监测点验收记录、监测项目原始数据、监测报告及其他异常情况处理记录进行组卷、归档。

3.5　监测管理

3.5.1　人员管理

（1）项目监测人员应经过培训并且经过公开考评，拥有对应资格和上岗授权证实后方可正式上岗。

（2）培训中人员应在持证人员监督下方可进行工作，并由监督人员负责其行为结果。

（3）项目负责人应具有中级及以上职称，监测点安装人员应具有高空作业上岗证。

（4）项目负责人作为项目最高管理人员，应对监测项目担负全方面管理职责。

3.5.2　仪器管理

（1）应选择或采购符合本项目监测精度要求各类仪器。

（2）仪器应标定，正确张贴标识，并在使用期内使用。

（3）仪器应有流转统计。

（4）仪器使用时应正确根据操作说明进行，用后应清洁维护保养，正确置放，并做好使用统计。

（5）仪器出现故障或意外损坏，应立即通知企业相关部门，经处理并核定可用后方可继续使用。

（6）现场监测完成后应及时将仪器拆除回收，以免后期被现场施工破坏。

3.6　监管平台操作

3.6.1　系统介绍

广州市建设工程融合监管平台实时监控本市危大和超危大模板支撑及作业脚手架工程的各关键环节和监测数据，夯实各责任主体的职责，强化施工期间的现场巡视，及时发现并防范化解施工过程中安全风险隐患。

监测单位管理人员登录平台：打开浏览器，在浏览器地址栏内输入平台网页地址，通过省统一认证登录，登录高大模板及脚手架系统监测端。登录后可完成单位信息维护、设备管理与人员管理等功能。

3.6.2　工程监测

3.6.2.1　新增/编辑工程

点击菜单【工程管理】，进入工程列表（图 3.6-1）。

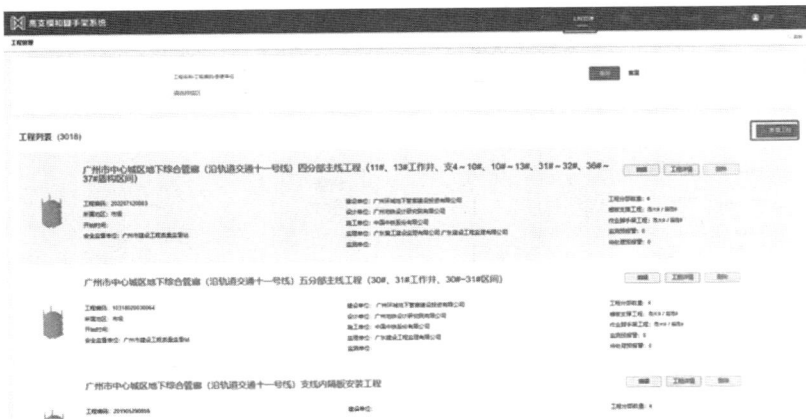

图 3.6-1　工程管理界面

点击【新增工程】—【获取编码】—输入工程名称/工程编码（准确工程名称/工程编码请与施工单位确认，避免添加错误）【查询】—【获取】，自动获取工程信息。点击【新增】，可添加各方联系人及手机号码，点击【保存】，新增项目成功。如图 3.6-2 所示。

(a) 新增工程

(b) 工程编码

图 3.6-2　工程登记

3.6.2.2　工程监测

在工程列表中选择工程，点击【工程详情】进入，可以看到当前工程所有分部。如图 3.6-3 所示。

图 3.6-3　工程详情界面

1）监测配置

在页签【监测配置】下，添加本工程分部监测员（来源于企业管理中人员登记），监测方案，测点布置图等资料，绑定监测设备（来源于企业管理中设备登记），上传测点验收及现场情况。填报完成后，点击【提交审核】，待监理单位审核通过后，监测员可进入工程监测栏目，开始监测。如图 3.6-4 所示。

图 3.6-4　监测配置界面

2）工程监测

开始监测后，切换至页签【工程监测】，工程监测共分为三个部分：【实时监测】，【短信记录】，【监测报告】。

【实时监测】查看所有测点实时监测数据，当前测点状态，实时监测值，预警值，报警值。如设备现场网络状态异常，在 APP 提交现场网络状态及佐证照片。【监测日志】该分部监测完成后，打包上传全过程监测数据。如监测过程中，发生预警/报警系统将进行记录，如图 3.6-5 所示。

图 3.6-5　实时监测界面

注：监测预警报警阀值，请严格按照省标与专家意见设置，明显超过正常设定范围系统将进行异常提示与统计。

预报警处理流程：当测点产生预警、报警时，将向相关单位发送短信消息提醒并通知现场采取应急措施，由现场确认报警状态（误报警/真实报警），确认为误报警或达到恢复施工条件后，由监测单位对本地监测主机复位数据，开启恢复监测，平台只做警情记录无需处理警情。【短信记录】监测过程中，如有测点发生预警/报警，系统将自动触发短信，将预警/报警短信发送至工程相关管理人员。此栏目可查看本分部所有短信记录信息。如图 3.6-6 所示。

图 3.6-6　短信记录界面

【监测报告】用于生成监测简报，上传最终版本监测报告。点击【生成报告】，选择报告类型，选择监测时间，【确认】，监测报告生成完毕。如图 3.6-7 所示。

图 3.6-7　报告生成界面

3）巡检记录

监测过程中，检查巡检记录（监测单位实际巡检次数不应少于巡检要求次数，巡检记录通过"住建 APP"添加）。特别提示，该阶段若未按巡检要求次数提交审核以及巡检结论异常，系统自动进行异常统计推送至政府监管部门，如图 3.6-8 所示。

图 3.6-8　巡检记录界面

3.6.2.3　APP 功能

APP 功能与 3.6.2.2 节一致，监测单位登录广州"住建 APP"，选择【高大支模】—【工程管理】—【分部信息】—施工监测节点。如图 3.6-9 所示。

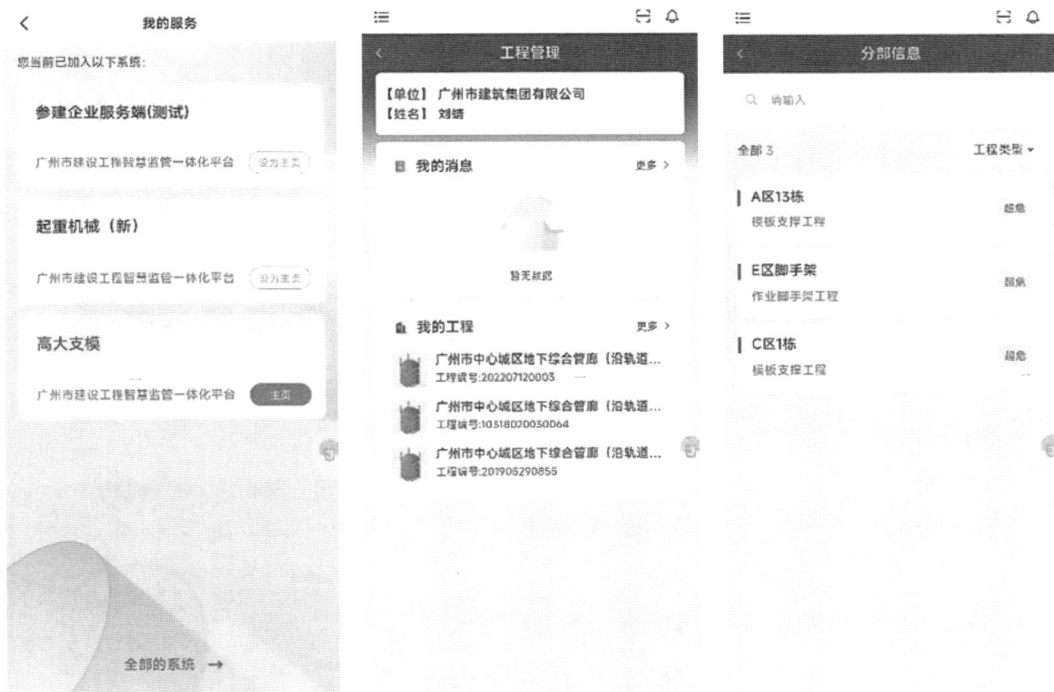

图 3.6-9　APP 界面

1）监测配置

在页签【监测配置】下，添加本工程分部监测员，监测方案，测点布置图等资料，绑定监测设备，上传测点验收及现场巡检情况。填报完成后，点击【提交审核】，待监理单位审核通过后，监测员开始监测。如图 3.6-10 所示。

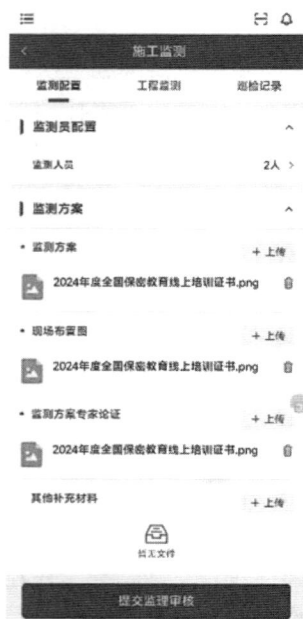

图 3.6-10   监测配置界面

2）工程监测

开始监测后，切换至页签【工程监测】，工程监测共分为【实时监测】、【报警记录】、【监测报告】三个部分。

【实时监测】查看所有测点实时监测数据，当前测点状态，实时监测值，预警值，报警值（图 3.6-11）。

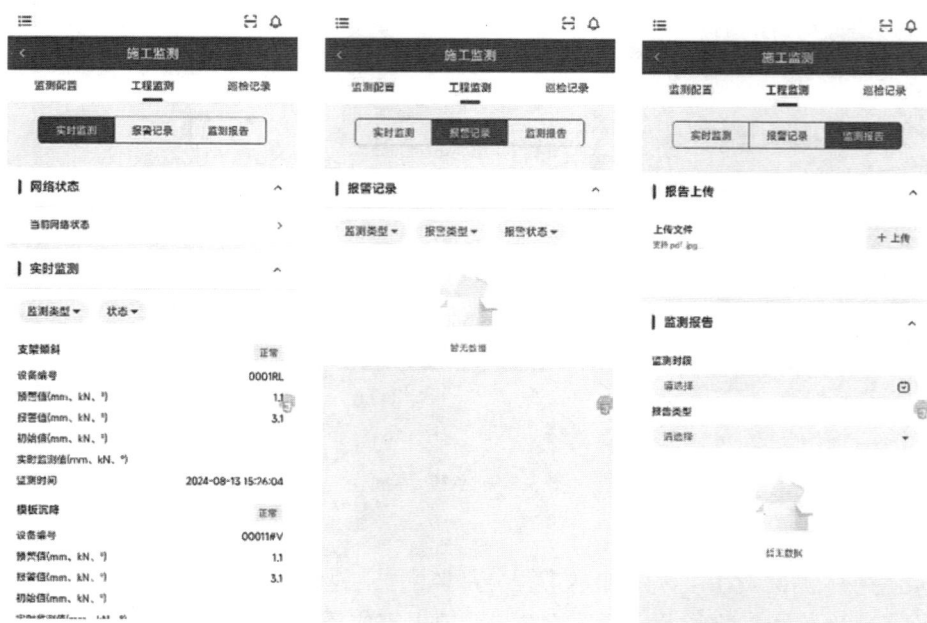

图 3.6-11   工程监测界面

【报警记录】此模块用于查看监测过程中发生的所有预警/报警记录（图 3.6-12 ）。

【监测报告】用于上传最终盖章版本监测报告，查看已生成监测简报（图 3.6-13 ）。

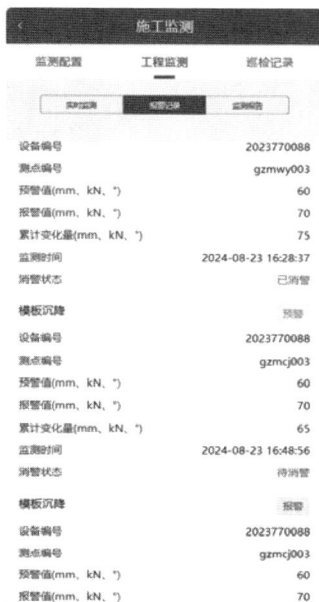

图 3.6-12　报警记录界面　　图 3.6-13　监测报告界面

3）巡检记录

监测过程中，检查巡检记录（监测单位实际巡检次数不应少于巡检要求次数）（图 3.6-14 ）。

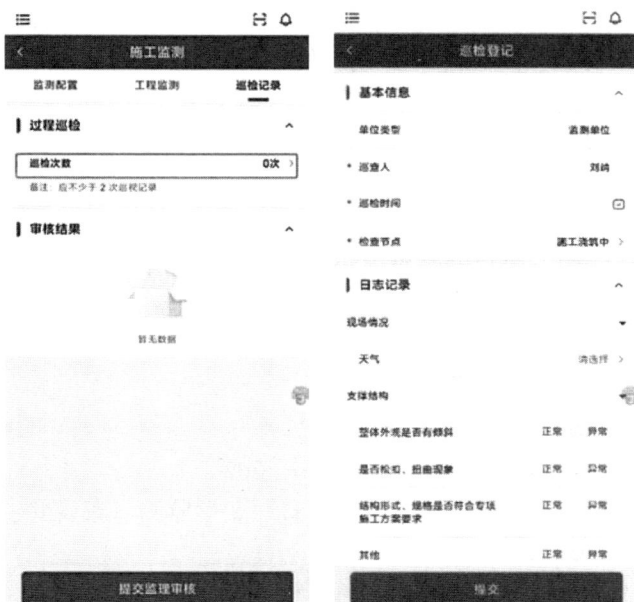

图 3.6-14　巡检记录界面

第 4 章

结构工程监测

4.1 概述

4.1.1 主体结构监测简介

结构监测是指在建筑施工和使用期间,借助仪器设备和其他部分手段对建筑基础与结构位移、倾斜、沉降、开裂及对地下水位动态变化、日照变形及风振等进行综合监测。在施工时期依据监测变位动态,对原设计结果进行评价,并判定现行施工方案合理性。经过反分析方法计算,估计下阶段施工过程中可能出现新动态,为优化和合理组织施工提供可靠信息,对后期施工及养护提出建议,对施工过程中可能出现险情进行立即预报。当有异常情况时,立即采取必需工程方法,将问题消灭在萌芽状态,以确保工程安全。在使用期间,通过监测结构及现场环境信息,并应通过分析结构的各种特征对结构健康状况进行评价。

主体结构监测目的:

(1)通过将监测数据与预测值作比较,判断上一步施工工艺和施工参数是否符合或达到预期要求,同时实现对下一步的施工工艺和施工进度控制,从而切实实现信息化施工。主要通过监测施工区域的结构水平变形和建筑整体沉降,达到监测目的。

(2)通过监测及时调整施工建设方案,使整个建筑施工过程能处于安全、可控的范畴内。

(3)施工中应遵循"动态设计,信息化施工"的原则,及时将监测数据提交设计人员、监理人员、施工单位,监测报告必须有评价意见,应会同设计人员共同分析监测数据,必要时应调整设计施工,提出加固措施。

(4)结构健康监测的主要目的是确保建筑物的安全使用、维护管养和寿命预测。通过实时监测建筑物的结构状态,及时发现和处理潜在的安全隐患,避免重大事故的发生。同时可以提前预测建筑物的使用寿命,采取相应的维护措施,延长建筑物的使用寿命。

4.1.2 参考规范标准

(1)国家标准《工程测量标准》GB 50026—2020

主要参考:主体沉降、水位位移、倾斜、日照变形监测点布设要求,监测频率、预警值、控制值及建筑物达到稳定的标准。

(2)行业标准《建筑变形测量规范》JGJ 8—2016

主要参考:主体沉降、水平位移、倾斜、建筑裂缝、日照变形、挠度、收敛变形、风振监测点布设要求,监测频率、预警值、控制值及建筑物沉降达到稳定的标准。

(3)国家标准《建筑地基基础设计规范》GB 50007—2011

（4）行业标准《城市测量规范》GJJ/T 8—2011

4.1.3　监测内容

基础沉降/倾斜监测、主体结构水平位移/倾斜监测、建筑裂缝、日照变形、挠度、收敛变形、风振、结构健康等。

4.2　前期准备工作

4.2.1　现场踏勘

项目开始前需实地了解现场施工进度及周边环境情况，现场踏勘关键内容包含：
（1）了解建设方和相关单位对监测的要求；
（2）工地所处地理位置、交通情况；
（3）工地现实状况面貌、用地范围、周围情况；
（4）关键核查建（构）筑物结构类型和分布是否和相关资料一致，有没有其他未知情况，并推测结构可能的变形发展情况，初步确定监测关键或难点。

4.2.2　监测方案

4.2.2.1　资料收集

（1）建筑结构设计文件；
（2）岩土工程勘察报告；
（3）主要的监测结构类型；
（4）周围建（构）筑物情况（建筑年代、基础和结构形式）；
（5）施工组织设计（施工工期计划）；
（6）其他需要相关资料。

4.2.2.2　方案编写

监测方案宜包含以下内容：
（1）工程概况、周边环境情况；
（2）监测依据及目的；
（3）工程监测风险源分析及应对措施；
（4）监测内容及监测点布设原则；
（5）基准点、工作基点、监测点的布设及监测方法；
（6）监测人员配备及使用的主要仪器设备；
（7）监测周期及监测频率；
（8）监测组织与实施；
（9）监测数据整理、分析与信息反馈；
（10）监测预警、异常及危险情况下的监测措施；
（11）监测布置图；

（12）人员资质及仪器检定证书。

4.2.2.3　专家论证

是否需要专家论证应依据项目及业主要求，一般有以下情况时应进行论证：

（1）重要建筑、设施、管线等破坏后果很严重的主体结构工程；

（2）工程地质、水文地质条件复杂的主体结构工程；

（3）已发生严重事故，重新组织施工的工程；

（4）采用新技术、新工艺、新材料、新设备的主体结构工程；

（5）其他需要论证的工程。

4.2.3　安全交底

进场作业之前由公司（部门）安全负责人和项目负责人对现场作业人员进行安全教育，签署安全技术交底表（一式两份），留档备查。

安全技术交底内容：

（1）严格执行有关标准规范和安全生产规定，仪器设备包含有效的计量检定（校准）证。每个监测项目要做到"三同"（同人、同仪器、同观测线路）。

（2）进入现场，必须戴好安全帽，正确使用个人劳动防护用具。不准穿拖鞋。

（3）注意作业区环境状况和安全警示标志，交叉作业时注意预防可能发生的高空坠物和地面障碍。立尺环境复杂时，要谨慎，确保安全。

（4）当建筑结构明显存在危险时，立尺人员不应入内，可采用固定标志监测。

（5）不倚靠周围的护栏，防止坠落事故发生。注意场地的线路，防止触电。

（6）监测结果有异常时应连续监测并及时向项目负责人报告。

4.2.4　布点准备

（1）布点材料

主要包括沉降钉、监测点标识牌、观测墩平台等，需要安装自动化设备的项目还需统计自动化设备安装数量。提前申购，以免影响布设监测点。

（2）布点工具

电钻、手磨机、螺丝刀、手钳等。

4.3　正式监测

4.3.1　基准点埋设

利用现场已有的、稳定的、受施工影响小的施工控制点以及埋设的监测控制点，建立施工现场的首级变形监测控制网。监测控制点满足以下要求：在场区变形影响区域以外、位置稳定、易于长期保存的地方，按照相关规范要求埋设布置 3 个以上水平位移控制点和水准基准点。控制点均匀分布于结构物外围，相互间通视，组成的导线网覆盖整片场地，满足施工现场工作基点的设置。工作基点布置在场区内影响较小的易于保存的稳固且便于观测的地方，建立二级变形控制网，并与首级变形控制网联测。为减少对中误差，工作基点设置为强制对中观测墩。首级控制网与二级控制网联测频率，每月联测一次，特殊情况下，进行加密联测。钻孔埋设平面控制点或水准基准点如图 4.3-1 所示。

4.3.1.1　平面基准网的布设及控制测量

（1）根据现场场地及通视情况，可利用本工程项目周边已建成建筑物及构筑物，通过在建筑物上安装 3 个以上固定棱镜作为首级控制点，如图 4.3-2 所示，采用自由设站和三角高程测量的方法，建立首级控制点与工作基点及监测点的空间平面位置关系。自由设站时首级控制点与工作基点所形成夹角控制在 60°～150°之间。通过三角高程测量观测各首级控制点间的高差，可校核首级控制点的稳定性。通过增加测回数，进行平差，提高测量精度。监测过程中计算平面控制点间的斜距及高差变化，如变化较大时，进行修正，重新取值观测。

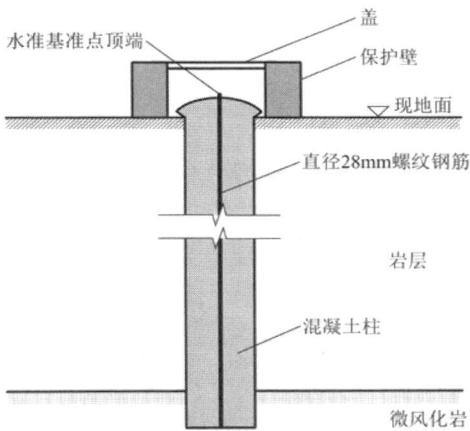

图 4.3-1　基准点埋设大样图　　　　图 4.3-2　平面控制点示意图

（2）两级平面控制网均采用二等位移观测等级的平面控制网标准，主要技术要求参见表 2.3-1～表 2.3-4。

（3）水平角观测的技术要求应符合以下规定：水平角观测宜采用方向观测法，当方向数不多于 3 个时，可不归零；特等、一等网点亦可采用全组合观测角法。导线测量中，当导线点上只有两个方向时，应按左、右角观测；当导线点上多于两个方向时，应按方向法观测。水平角观测的技术要求见表 3.3-1。

（4）待埋设的控制点稳固后，按照二等位移观测等级的技术要求进行平面控制网观测，建立首级平面控制。至少进行 2 次平面控制网观测，取 2 次合格的平面控制网严密平差成果的平均值作为首级平面控制网控制点的成果值。在工作基点埋设完成，并稳固后，与首级平面控制网联测，按照二等位移观测等级的技术要求进行平面控制网观测，建立二级平面控制网。至少进行 2 次平面控制网观测，取 2 次合格的平面控制网严密平差成果的平均值作为工作基点的初始成果值。定期对工作基点进行联测，校核工作基点和监测工作控制点，联测结果出现较大差异时，进行修正。

4.3.1.2　高程基准网的布设及控制测量

（1）高程基准点为垂直变形监测控制点，埋设位置在场区影响范围外，避开交通干道主路、地下管线、仓库堆栈、水源地、河岸、松软填土、滑坡地段、机械振动区以及其他可能使标石、标志易遭腐蚀和破坏的地方，稳定且易于长期保存。根据结构物周边环境，利用本项目周边稳定的桥墩桥台或者稳定的基础埋设 3 个高程基准点，建立独立高程系。高程基准控制网按两级布设，起始、闭合于首级基准点，观测首级控制点高程。布设的首级高程控制点按照二等水准观测技术要求施测。数字水准仪技术要求参见表 2.3-5、表 2.3-6。

（2）平面监测控制点及控制网满足以下要求：在场区变形影响区域以外、位置稳定、易于长期保存的地方，按照相关规范要求埋设布置 3 个以上水平位移控制点。控制点均匀分布于结构物外围，相互间通视，组成的导线网覆盖整片场地；控制网：自由设站时基准点与工作基点所形成夹角控制在 60°～150°之间。

（3）为减少对中误差，工作基点设置为强制对中观测墩，如图 4.3-3 所示。观测墩首先应满足每次监测时稳定可靠，其次要与后视点通视并且能尽可能多地覆盖监测点（图 4.3-3）。

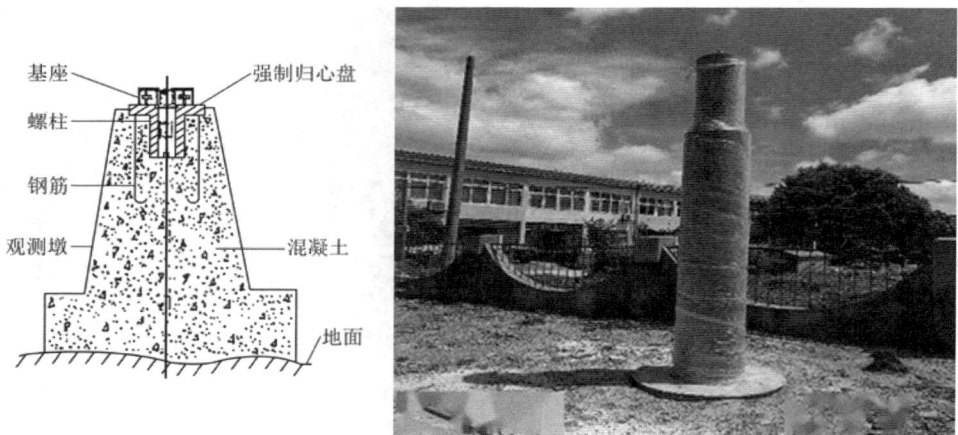

图 4.3-3　平面控制点示意图

4.3.2　监测点埋设及安装

4.3.2.1　水平位移监测点埋设

埋设位置：

（1）水平位移监测点应布置在建筑物的墙角、柱基、建筑沉降缝顶部和底部及一些重要位置。

（2）当有建筑裂缝时，应布设在裂缝两边。

（3）大型构筑物的顶部、中部和下部。

具体布置方法：用冲击钻钻孔，埋设专用监测点测钉（徕卡卡口标志），使用植筋胶进行固定，做好明显标记及保护装置以防破坏（图 4.3-4）。

图 4.3-4　水平位移监测点示意图

4.3.2.2　沉降监测点埋设

埋设位置：

（1）建筑的四角、核心筒四角、大转角处及沿外墙每 10～20m 处或每隔 2～3 根柱基上。

（2）高低层建筑、新旧建筑和纵横墙等交接处的两侧。

（3）建筑裂缝、后浇带两侧、沉降缝两侧、基础埋深相差悬殊处、人工地基与天然地基相接处、不同结构的分界处及填挖方分界处以及地质条件变化处两侧。

（4）对宽度大于或等于 15m、宽度虽小于 15m 但地质复杂以及膨胀土、湿陷性土地区的建筑，应在承重内隔墙中部设内墙点，并在室内地面中心及四周设地面点。

（5）邻近堆置重物处、受振动显著影响的部位及基础下的暗浜处。

（6）框架结构及钢结构建筑的每个或部分柱基上或沿纵横轴线上。

（7）筏形基础、箱形基础底板或接近基础的结构部分之四角处及其中部位置。

（8）重型设备基础和动力设备基础的四角、基础形式或埋深改变处。

（9）超高层建筑或大型网架结构的每个大型结构柱监测点数不宜少于 2 个，且应设置在对称位置。

（10）对电视塔、烟囱、水塔、油罐、炼油塔、高炉等大型或高耸建筑，监测点应设在沿周边与基础轴线相交的对称位置上，点数不应少于 4 个。

具体布置方法：

建筑物沉降点（图 4.3-5），可以在建筑物承重结构上钻孔埋设沉降钉或贴沉降贴纸进行观测。如有破坏，立即修复。

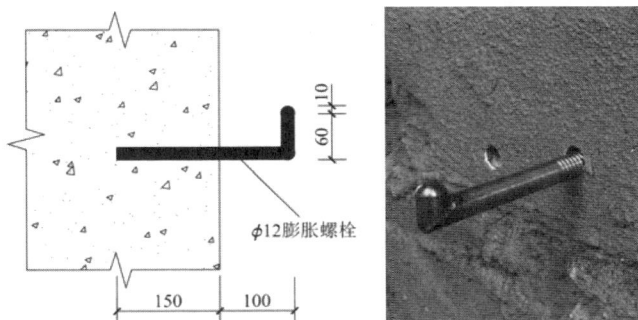

图 4.3-5　建筑物沉降点示意图

4.3.2.3 倾斜监测点埋设

埋设位置：

（1）当测定顶部相对于底部的整体倾斜时，应沿同一竖直线分别布设顶部监测点和底部对应点。

（2）当测定局部倾斜时，应沿同一竖直线分别布设所测范围的上部监测点和下部监测点。

（3）建筑顶部的监测点标志，宜采用固定的觇牌和棱镜，墙体上的监测点标志可采用埋入式照准标志或粘贴反射片标志。监测点布置在建筑角点、变形缝两侧的承重柱或墙上。

（4）对不便埋设标志的塔形、圆形建筑以及竖直构件，可粘贴反射片标志，也可照准视线所切同高边缘确定的位置或利用符合位置与照准要求的建筑特征部位。

4.3.2.4 裂缝观测点布置

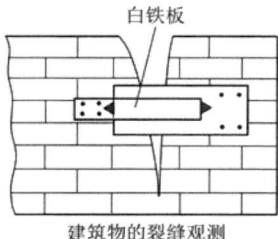

图 4.3-6 建筑物裂缝观测示意图

（1）对建筑上明显的裂缝，应进行裂缝观测。裂缝观测应测定裂缝的位置分布和裂缝的走向、长度、宽度、深度及其变化情况。深度观测宜选在裂缝最宽的位置（图 4.3-6）。

（2）对需要观测的裂缝应统一编号。每次观测时，应绘出裂缝的位置、形态和尺寸，注明观测日期，并拍摄裂缝照片。

（3）每条裂缝应至少布设 3 组观测标志，其中一组应在裂缝的最宽处，另两组应分别在裂缝的末端。每组应使用两个对应的标志，分别设在裂缝的两侧。

（4）裂缝观测标志应便于量测。长期观测时，可采用镶嵌或埋入墙面的金属标志、金属杆标志或楔形板标志；短期观测时，可采用油漆平行线标志或用胶粘剂粘贴的金属片标志。当需要测出裂缝纵、横向变化值时，可采用坐标方格网板标志。采用专用仪器设备观测的标志，可按具体要求另行设计。

4.3.2.5 挠度观测点布置

（1）建筑基础挠度观测可与沉降观测同时进行。监测点应沿基础的轴线或边线布设，每一轴线或边线上不得少于 3 点。

（2）桥梁、大跨度构件等线形建筑的挠度观测，监测点应沿其表面左右两侧布设。

（3）必要时可采用挠度计、位移传感器等直接测定其挠度值。

4.3.2.6 收敛变形观测点

（1）当需要测量特定位置的净空对向相对变形时，应采用固定测线法。

（2）当需要测量净空断面的综合变形时，可采用全断面扫描法。

（3）当需要测量连续范围的净空收敛变形时，可采用激光扫描法。

4.3.2.7 日照变形观测点

（1）建筑内部应具备竖向通视条件。

（2）当采用激光垂准仪进行观测时，应在通道顶部或适当位置安置激光接收靶，并应在其垂线下方安置激光垂准仪。

（3）当采用正垂仪进行观测时，应在通道顶部或适当位置安置正垂仪，并应在其垂线下方安置坐标仪。

（4）建筑物外部监测点应设在建筑或结构的顶部或其他适当位置。

4.3.2.8　风振变形观测点

对超高层建筑或高耸结构进行风振观测（图 4.3-7），应在受强风作用的时间段内，同步测定其顶部的水平位移、风速、风向。测定的时间段长度可根据观测目的和要求确定，不宜少于 1h。

图 4.3-7　深圳某大厦晃动

4.3.2.9　结构健康监测点

结构健康监测应采用自动化健康监测系统采集结构及现场环境信息，对重要结构，宜采用常规监测手段。健康监测应根据建筑结构的特点及监测要求、现场条件等选择监测内容及传感器，常见监测类别有：几何形变类、结构反应类、环境参数类、外部荷载类、材料特性类。结构健康监测传感器应布置在能充分反映结构及环境特性的位置上，具体位置应符合下列规定：

（1）应布置在结构受力最不利处或已损伤处。

（2）应利用结构对称性原则，优化传感器数量。

（3）对重点部位应增加传感器。

（4）应能缩短信号传输距离。

（5）应便于安装和更换传感器。

4.3.2.10　物联网变形监测

适用于新建、改造工程及抢险工程。

激光位移监测：布设于被监测的内部结构上，用于监测内部结构水平位移。

应变计监测：布设于被监测的所有结构面上，用于监测结构面的弯曲变形。

1）远程无线激光位移传感器

远程无线激光位移传感器应安装在被监测结构上，安装步骤如下：

（1）在被测结构上钻孔，安装传感器支架；

（2）将激光位移传感器水平放置于支架上；

（3）连接激光位移传感器电源线、天线，监测过程中保证光路不受遮挡；

（4）分别上下、左右调整激光射出方向，以保证激光方向与被测结构面垂直，当传感器测得距离最小时，固定传感器；

（5）在激光反射点处固定反射点校验标志，确保校验标志上十字丝的中心与激光位移传感器投射出的红色光点重合，用于检验激光位移传感器是否曾被移动或墙体是否发生倾斜（图 4.3-8、图 4.3-9）。

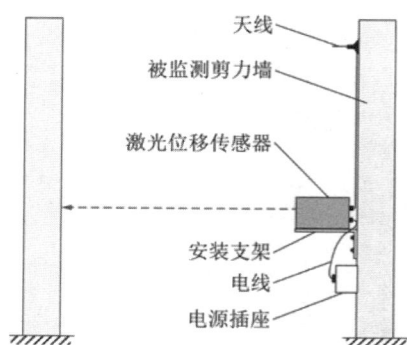

图 4.3-8　激光位移传感器安装图　　图 4.3-9　反射点校验标志

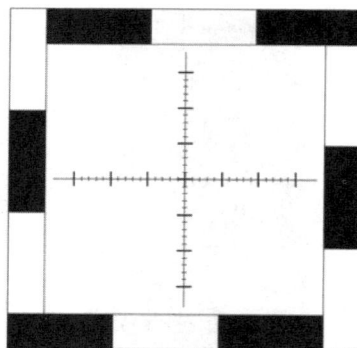

2）远程无线表面应变监测系统

远程无线表面应变监测系统包括表面应变传感器及远程无线表面应变采集仪，安装步骤如下：

（1）安装前，对安装点表面进行打磨，保证安装面平滑；

（2）确保表面应变传感器安装位置、方向正确。表面应变传感器应竖直安装在被监测结构上，在墙体两侧对称位置各安装一个，使用记号笔在墙体上标记出应变传感器安装位置；

（3）在传感器安装位置钻孔，通过膨胀螺栓固定两块金属垫片；

（4）拆下应变传感器一端的金属支座，将另一侧支座及传感器通过胶粘固定在对应位置的金属垫片上；

（5）待胶粘处达到初步强度后，将拆下的支座安装回传感器上，并用胶粘在金属垫片上；

（6）选择设有电源插座的一侧墙体，安装采集仪支架；

（7）将远程无线表面应变采集仪水平放置于支架上，通过螺丝固定；

（8）对于与采集仪不在同一侧的应变计，使其数据线绕至采集仪一侧，并将线缆用线码固定；

（9）连接远程无线表面应变采集仪电源、天线，并将表面应变传感器数据线与采集仪连接（图 4.3-10）。

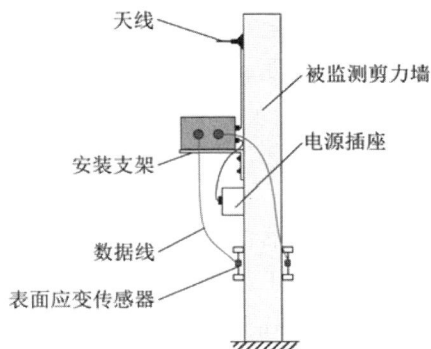

图 4.3-10　远程无线表面应变监测系统

4.3.3　监测数据采集

4.3.3.1　水平位移监测

监测仪器：全站仪。

监测方法：全圆观测。

定向方法：测定特定方向水平位移宜采取视准线法、小角法或方向线偏移法等方法；测定监测点任意方向水平位移宜采取前方交会、自由设站、导线测量或极坐标等方法。

监测项目：基础（建筑物）水平位移、倾斜、挠度、裂缝等。

水平位移监测注意事项：

（1）用于监测任务全站仪精度要达到对应监测网等级要求；

（2）仪器进场前，按要求对仪器进行校准或检定；每日使用完成后，要检查全站仪电池电量，并按要求完成仪器维护工作；

（3）必须使用和全站仪配套反射棱镜进行测距；

（4）测量前要检验仪器参数和状态设置，如角度、距离、气压、温度单位，最小显示、测距模式、棱镜常数、水平角和垂直角形式、双轴更正等。可提前设置好仪器，在测量过程中不再改动；

（5）测线宜高出地面 1.3m 以上，并避开障碍物、背景部分有反光材料物体及避免经过发烧体（如散热塔、烟囱等）和较宽水面上空，以减小折光影响；

（6）测站应避开受电、磁场干扰地方，应离开高压线 5m 以外，手机、对讲机应远离测线使用；

（7）在大气稳定和成像清楚条件下观察，雾、雨、雪天气不宜观察；

（8）避免阳光暴晒、雨水淋湿仪器，严禁照准镜头对向太阳；

（9）测站、镜站不准离人；

（10）整个监测期间，应做到固定监测仪器、固定监测人员、固定监测路线和测站、固定监测周期或合适调整后周期及对应时段。

4.3.3.2　竖向位移监测

监测仪器：水准仪、全站仪。

监测方法：二等水准、三角高程（全站仪）。

监测项目：基础、建筑物沉降、挠度、裂缝、收敛变形等。

竖向位移监测注意事项：

（1）整个监测期间，应做到固定监测仪器、固定监测人员、固定监测路线和测站、固定监测周期或调整后周期及对应时段；

（2）定时进行基准点校核检验和仪器校验；

（3）统计每次测量时气象情况、施工进度和现场工况，以供分析监测数据时参考；

（4）在大气稳定和成像清楚条件下观察，雾、雨、雪天气不宜观察；

（5）避免阳光暴晒、雨水淋湿仪器，严禁照准镜头对向太阳；

（6）测站不准离人；

（7）观察开始前仪器进行一定时间晾置，使仪器温度和外界环境保持一致。

4.3.3.3 倾斜监测

（1）传统监测方法

传统的倾斜监测方法主要包括测量仪器法、人工观测法和摄影测量法。其中，测量仪器法使用倾斜仪、水平仪等仪器进行测量；人工观测法通过人工观察目标物体的倾斜情况进行监测；摄影测量法则是通过拍摄目标物体的照片，然后通过图像处理软件进行倾斜分析。

（2）现代监测方法

现代倾斜监测方法主要包括全站仪监测法、激光扫描监测法和遥感监测法。全站仪监测法利用全站仪进行高精度的倾斜测量；激光扫描监测法通过激光扫描仪获取目标物体的三维点云数据，进而进行倾斜分析；遥感监测法则是利用卫星、航空器等遥感技术获取目标物体的倾斜信息。

倾斜仪最基本的类型有水管式倾斜仪、固定摆倾斜仪和气泡倾斜仪、MEMS 传感器倾斜仪。

4.3.3.4 裂缝监测

对于混凝土建筑物上裂缝的位置、走向及长度的监测，是在裂缝的两端用油漆画线作为标志，或在混凝土表面绘制方格坐标，用三角尺或钢尺丈量。所用方法为：

（1）石膏板标志。

（2）白铁片标志。

（3）埋钉法。

（4）测微器法（主要包括单向标点测缝标点法和三向标点测缝标点法）。

（5）测缝计法（测缝计可分为电阻式、电感式、电位式、钢弦式等多种）。

振弦式测缝计（位移计）用于监测岩土工程建筑物的接缝和位移，适用于长期埋设在混凝土水工建筑物内部或其他建筑物表面，测量结构物伸缩缝（或裂缝）的开合度，以及结构物的位移量，并可同时测量埋设点的温度。经改装加工部分配套附件可组成多点位移计、基岩变位计、表面裂缝计等测量变形的仪器。

振弦式测缝计（位移计）使用场合很广，配合适当的附件，既可用于内部埋设，也可进行表面安装；既可按单向测缝安装，也可监测缝隙三个方向的位移。表面安装时需先跨缝预埋锚头和固定装置，再将测缝计安装在固定装置上；内埋时在先浇混凝土块内预埋套管（或已浇块内打孔预埋附件），待后浇混凝土浇至埋设点时再安装仪器。无论何种安装方式，都必须注意不得扭动拉杆，否则极易造成仪器的损坏（图 4.3-11）。

图 4.3-11　裂缝监测示意图

4.3.3.5　日照变形监测

（1）内部监测

当利用建筑物内部竖向通道观测时，应以通道底部中心位置作为观测点，以通道顶部正垂直对应于测点的位置作为观测点。采用激光铅直仪观测法，在测站点上安置激光铅直仪，在观测点上安置接受靶，每次观测，可从接受靶读取或量出顶部观测点的水平位移值和位移方向，亦可借助附于接受靶上的标示光点设施，直接获得各次观测的激光中心轨迹图，然后反转其方向即为实施日照变形曲线图。

（2）外部监测

当从建筑物或单柱外部观测时，观测点应选在受热面的顶部或受热面上部不同高度处与底部（视观测方法需要布置）适中位置，并设置照准标志，单柱亦可直接照准顶部与底部中心线位置，测站点应选在与观测点连线呈正交的两条方向线上，其中一条宜与受热面垂直，与观测点的距离约为照准目标高度的 1.5 倍的固定位置处，并埋设标石。也可采用测角前方交会法或方向差交会法。对于单柱的观测，按不同量测条件，可选用全站仪投点法、测顶部观测点与底部观测点之间的夹角法或极坐标法。按上述方法观测时，从两个测站对观测点的观测应同步进行。所测顶部的水平位移量与位移方向，应以首次测算的观测点坐标值或顶部观测点相对底部观测点的水平位移值作为初始值，与其他各次观测的结果相比较后计算求取（图 4.3-12）。

日照变形测量的时间，宜选在夏季的高温天进行。一般观测项目，可在白天时间段观测，从日出前开始，日落后停止，每隔约 1h 观测一次；对于有科研要求的重要建筑物，可在全天 24h 内，每隔约 1h 观测一次。每次观测的同时，应测出建筑物向阳面与背面的温度，并测定风速与风向。

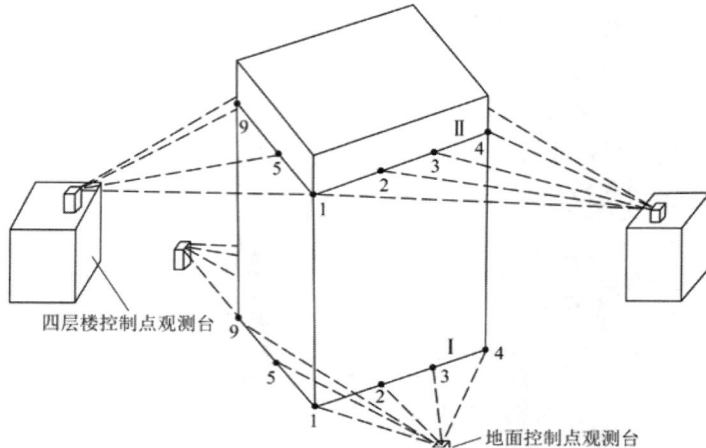

图 4.3-12　日照外部监测示意图

4.3.3.6　风振变形监测

（1）激光位移计自动测记法

当位移计发射激光时，从测试室的光线示波器上可直接获取位移图像及有关参数。

（2）长周期拾振器测记法

将拾振器设在建筑物顶部天面中间，由测试室内的光线示波器记录观测结果。

（3）双轴自动电子测斜仪（电子水枪）测记法

测试位置应选在振动敏感的位置，仪器 X 轴与 Y 轴（水枪方向）与建筑物的纵横轴线一致，并用罗盘定向，根据观测数据计算出建筑物的振动周期和顶部水平位移值。

（4）加速度计法

将加速度传感器安装在建筑物顶部，测定建筑物在振动时的加速度，通过加速度积分求解位移值。

（5）GPS 差分载波相位法

将一台 GPS 接收机安置在距待测建筑物一段距离且相对稳定的基准站上，另一台接收机的天线安装在待测建筑物楼顶。接收机周围 5" 以上应无建筑物遮挡或反射物。每台接收机应至少同时接收 6 颗以上卫星的信号，数据采集频率不应低于 10Hz。两台接收机同步记录 15～20min 数据作为一测段。具体测段数视要求确定。通过专门软件对接收的数据进行动态差分后处理，根据获得的 WGS-84 大地坐标即可求得相应位移值。

（6）经纬仪测角前方交会法或方向差交会法

该法适应于在缺少自动测记设备和观测要求不高时建筑物顶部水平位移的测定，但作业中应采取措施防止仪器受到强风影响。

风振位移的观测精度，如用自动测记法，应视所用设备的性能和精确程度要求具体确定。如采用经纬仪观测，观测点相对测站点的点位中误差不应大于 ±15mm。

4.3.3.7　结构健康监测

结构健康监测应采用自动化健康监测系统采集结构及现场环境信息，结构健康监测系统一般由传感器系统、数据采集与传输系统、数据处理与控制系统、数据库系统、安全评估系统等组成。结构健康监测系统设计时要综合考虑监测对象结构形式、受力特点、关键部位、使用功能及所处的环境，充分考虑工程结构各阶段的健康监测需求，既要保证监测效果，又要经济可行。

基于设计要求和施工方案，遴选监测参数，定制监测数据采集设备（传感器），确定数据采样频率和数据传输系统（控制器），开发专用数据分析处理云平台及手机客户端，实时展示监测数据，实现远程数据监控。

采用基于物联网的施工变形监测系统，具有以下优点：

（1）效率高：自动测量和记录，数据实时上传，速度快。

（2）精度高：高精度传感器自动监测，避免人为原因导致的系统误差。

（3）耐用性好：设备全部采用防水设计，寿命更长，适应工地现场复杂的使用环境。

（4）时效性高：监测数据实时上传，监测系统实时同步，可实现随时随地远程监控。

（5）操作简单：监测过程仪器自动完成，数据自动分析和预报警，对人员技术要求低。

（6）工作强度低：系统布设方便，数据采集自动化，实现 24h 全天候实时监测，无需人为干预。

（7）管理方便：管理终端（手机、PAD、电脑）实时监控、监测点细节、历史数据，实时自动播发预警信息。

4.3.4　现场安全巡视

4.3.4.1　巡视目的和意义

第三方监测单位在对工程施工起到安全监测、对施工监测起到检查复核的作用，实施监测过程中，主要的工作形式有安全监测、巡视、平行检验等，而巡视检查是最基本、最常用也是最为有效的手段之一。巡视，就是第三方监测人员对正在施工的部位现场巡视，安全检查，对自然条件、加固结构、施工工况、周边环境、监测设施在现场进行的定期或不定期的检查活动并对施工监测器监督检查。及时、到位、认真执行巡视检查工作，不仅能及时发现和解决问题，而且对安全监测、平行检验等起到重要的补充、完善、辅助作用，在取得第一手资料的同时，为监测数据变化的原因取得重要的依据。

4.3.4.2　现场安全巡视工作安排

现场安全巡视和工作安排要做好现场的巡视检查，必须做好相应的准备和计划，才能"有的放矢"，达到预期的效果。

1）巡视准备

（1）熟悉施工设计要求和相关的法律法规、规范规程、标准图集以及地方规定、要求等，做到有据可依。

（2）熟悉施工现场情况，尤其是对现阶段的施工部位、内容应了解，对计划巡视检查的重点做到心中有数。

（3）每天均应由专人进行巡视检查。

（4）做好物资资源的准备，如携带常用的锤、钎、量尺、放大镜等工器具以及拍摄器材和必要的安保用品等。对于现场发现的质量、安全问题或隐患要及时拍照摄影，保存原始记录。

2）巡视检查的范围

（1）正施工的剪力墙、楼板及加固结构的安全状况；

（2）正施工的周边环境的安全状况；

（3）正在施工的作业面操作情况；

（4）周边邻近施工情况；

（5）监测现场各作业面的安全操作、文明施工情况；

（6）工程基准点、控制点及监测设备等的保护、使用情况；

（7）建筑体系开裂、变形变化、施工质量缺陷及其他情况。

3）巡视工作安排

（1）安排专人现场安全巡视

现场安全巡视检查由专业工程师负责实施，当标段过多时，由专业工程师负责，安排多人负责实施，需加强内部之间的信息沟通、互通情况和配合，对确保服务质量，及时发现并解决问题，避免工作中出现"盲区"和"误区"，起着举足轻重的作用。

（2）选择巡视检查路线

巡视检查不要漫无目的"闲逛"，而是要提前计划好巡视路线，确保巡视监控到结构体系、周边环境、监测现场、安全文明施工等业务范围。巡视路线做到全面性、时效性。

（3）巡视检查时间和频次的安排

每次现场监测工作实施同时进行现场安全巡视，特殊情况应加密巡视频率。

4.3.5 监测数据处理及分析

4.3.5.1 全站仪测水平位移

参见 1.3.5.1 节内容。

4.3.5.2 竖向位移

参见 1.3.5.2 节内容。

4.3.5.3 挠度

（1）竖向的挠度值 f_1（图 4.3-13）应按下列公式计算：

$$f_1 = \Delta s_{AE} - \frac{L_{AE}}{L_{AE} + L_{EB}} \Delta s_{AB}$$

$$\Delta s_{AE} = s_E - s_A$$

$$\Delta s_{AB} = s_B - s_A$$

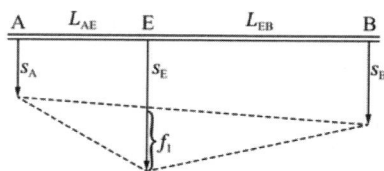

图 4.3-13　竖向挠度值计算简图

式中：s_A、s_B、s_E——A、B、E 点的沉降量（mm），其中 E 点位于 A、B 两点之间；

L_{AE}、L_{EB}——A、E 之间及 E、B 之间的距离（m）。

（2）横向的挠度值 f_2（图 4.3-14）应按下列公式计算：

$$f_2 = \Delta d_{AE} - \frac{L_{AE}}{L_{AE} + L_{EB}} \Delta d_{AB}$$

$$\Delta d_{AE} = d_E - d_A$$

$$\Delta d_{AB} = d_B - d_A$$

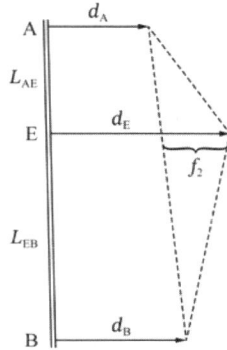

图 4.3-14 横向挠度值计算简图

式中：d_A、d_B、d_E——A、B、E 点的沉降量（mm），其中 E 点位于 A、B 两点之间；

L_{AE}、L_{EB}——A、E 之间及 E、B 之间的距离（m）。

4.3.6 监测成果展示

监测日报、简报、月报的主要内容：

1）施工工况

包括基坑施工进度情况及周边临近其他单位施工的情况（施工内容、方法、进度等）。

2）监测工作情况

包括监测点变更情况和理由，当工程出现变形异常时，发出预警或报警的监测资料情况和监测频率变动情况的说明，监测工作存在的问题等。

3）监测成果分析及变形趋势预测分析

分项做出分析和结论。对监测点（尤其是变形大的点）做出当月（周）的综合分析，指出"变化趋势"是否趋于稳定，做出该点变形对周围环境的影响是否安全的评价。对服务商的监测资料作关联分析。结合水位变化、周围工况和地质条件分析变形较大的原因（变形较小的正常点也可以分类合并说明）。

4）结论及建议

在数据分析的基础上，对本期变形给出结论性意见，对数据异常或超出预警值的测点，从监测与施工两方面提出改进的措施。

5）各监测项目变化曲线图

（1）等沉降曲线图（适合于沉降监测项目）；

（2）深度–位移曲线图（适合于位移监测项目）；

（3）变形收敛图（适合于位移监测项目）；

（4）挠度曲线（适合于挠度监测项目）。

6）监测成果表汇总

按规定的格式分项归类、汇总，各测点的监测数据按监测日期顺序准确填报，填表者、校核者应签名。

7）监测点分布示意图

图上监测点号与监测成果表中的点号相一致，如有新增点或变更点，在新增或变更当月表示在示意图上。

注：在遇到观测值变化速率加快，或者自然灾害如暴雨、台风、地震等情况时，以日报方式或随时向业主报告监测结果；当变形值或变形速率达到变形控制标准值时，立即口头上报相关各方，并于24h内提交书面报告。

8）监测日报、简报、月报的时效

（1）日报

当日监测结束后发监测日报。

（2）简报

监测频率大于两天一次，宜每周出一次简报；

监测频率小于两天一次，宜每两周出一次简报；

出简报周期不宜大于半个月，工地有特殊要求除外。

（3）月报

每月最后一次盖章前完成一次月报。

4.4　监测结束

4.4.1　工作量确认表

1）监测日常工作量确认表

日常工作量确认表包含内容：①工程名称；②监测项目类别；③监测时间；④监测项目点号及点次；⑤确认人签名。

监测日常工作量确认表每次监测完现场联系监理人员确认签字。

2）技术服务工作量确认表

技术服务工作量确认表包含内容：

工程名称及编号；

委托单位；

监测时段；

工程地点；

委托部门；

项目进度；

工程量确认表编号；

完成工程量内容；

三方（监测单位、监理单位和委托单位）签字盖章确认（表4.4-1）。

3）工作量确认表签署时效

（1）月产值小于等于 10 万元，宜每三个月签一次工作量确认表；

（2）月产值大于 10 万元、小于等于 20 万元，宜每两个月签一次工作量确认表；

（3）月产值大于 20 万元，宜每月签一次工作量确认表。

工作量确认表

表 4.4-1

合同编号		委托单位	
合同名称		工程地点	
监测时段		责任部门	
项目进度	是□　否□　全部完工	工作量确认表编号	
委托工作量（含委托监测内容、计价单位、委托监测数量）			
完成工作量（含实际检测内容、计价单位、实际检测数量）	服务单位确认： 日期：　　　年　　月　　日		
监理单位审核确认	签名： 日期：　　　年　　月　　日		
委托单位审核确认	签名： 日期：　　　年　　月　　日		
备注			

4.4.2　监测完工证明

监测工程完工后须第一时间书面通知监理和建设单位确认（表 4.4-2），确认完成后对项目进行归档。监测完工证明内容包含：①合同号；②委托单位；③工程项目；④工程地点；⑤进、退场时间；⑥责任部门；⑦项目进度；⑧工作量确认表编号；⑨服务单位确认内容；⑩监理和建设单位确认。

完工证明

表 4.4-2

合同号		委托单位		
工程项目			工程地点	
进场日期		退场日期	责任部门	
项目进度			工作量确认表编号	

续表

服务单位 确认	服务单位确认: 日期: 年 月 日
监理单位 审核确认	签名: 日期: 年 月 日
建设单位 审核确认	签名: 日期: 年 月 日
备注	

4.4.3 完工报告

工程结束时应提交完整的监测报告,监测报告是监测工作的回顾和总结,项目完工后一周内完成完工报告编制工作,监测报告主要包括如下几部分内容:

（1）工程概况;

（2）监测依据;

（3）监测项目;

（4）监测点布置;

（5）监测设备和监测方法;

（6）监测频率;

（7）监测报警值;

（8）各监测项目全过程的发展变化分析及整体评述;

（9）监测工作结论与建议。

第8部分是监测报告的核心,该部分在整理各监测项目的汇总表、各监测项目时程曲线、各监测项目的速率时程曲线;各监测项目在各种不同工况和特殊日期变化发展的形象图的基础上,对各监测项目的全过程变化规律和变化趋势进行分析,提出各关键件或位置的变位或内力的最大值,与原设计预估值和监测预警值进行比较,并简要阐述其产生的原因。在论述时应结合监测日记记录的施工进度、天气和降雨等具体情况对数据进行分析。

第9部分是监测工作的总结与结论,通过结构受力和变形以及对相邻环境的影响程度对结构设计的安全性、合理性和经济性进行总体评价,总结设计施工中的经验教训,尤其要总结根据监测结果通过及时的信息反馈中在对施工工艺和施工方案的调整和改进中所起的作用。

4.5 监测管理

4.5.1 人员管理

（1）项目监测人员应经过培训而且经过公开考评,拥有对应资格和上岗授权证实后方可正式上岗。

（2）培训中人员应在持证人员监督下方可进行工作，并由监督人员负责其行为结果。

（3）项目负责人应具有中级及以上职称，项目其他人员应含有基坑监测量测技术证书。

（4）项目负责人作为项目最高管理人员，应对监测项目担负全方面管理职责。

4.5.2　仪器管理

（1）应选择或采购符合本项目监测精度要求的各类仪器。

（2）仪器应标定，正确张贴标识，并在使用期内使用。

（3）仪器应有流转统计。

（4）仪器使用时应正确根据操作说明进行，用后应清洁维护保养，正确置放，并做好使用统计。

（5）仪器出现故障或意外损坏，应立即通知企业相关部门，经处理并核定可用后方可继续使用。

4.5.3　材料管理

（1）监测材料应由项目经理预先编制采购进场计划，并报送企业相关部门。

（2）应选择或采购符合本项目监测要求的各类监测材料（尤其是各类传感器量程、分辨率、精度、导线长度等）。

（3）到场材料必须进行数量、规格、技术指标和质量验收，并填写验收单。不符合要求时应立即通知企业相关部门协同处理。

（4）对不能立即安装，需要临时存放材料，应注意存放保护要求，避免气候、环境、施工作业等原因造成监测材料性能下降甚至损坏等情况。

第 5 章

桥梁工程监测

5.1 概述

5.1.1 桥梁监测简介

桥梁监测是对桥梁结构状况的监控与评估，主要利用物联网、传感器、无线传输、云计算等技术，实时监测桥梁关键部位的结构和环境数据，分析评估其工作状态和使用性能。这种监测包括位移监测、应力监测、裂缝监测和环境监测等，以了解桥梁的变形情况、结构是否出现异常、裂缝的扩展情况以及影响桥梁结构的环境因素等。

此外，桥梁监测还包括日常巡查和定期检查。日常巡查一般每月一次，由路段养护人员或桥梁养护人员负责，主要是目测桥梁外观，发现问题及时采取应对措施。而定期检查周期大约是每 3～5 年一次，由具有专门桥梁检查知识和经验的养护工程师负责，使用简单工具或仪器进行检测，以定期采集桥梁结构技术状态的动态数据，为评定桥梁使用功能、制定具体桥梁维修计划提供基本数据。

总的来说，桥梁监测旨在及时发现桥梁的结构损伤和潜在隐患，降低结构管理养护成本和提高结构物耐久性，从而延长桥梁的使用寿命，保证桥梁在营运期间的安全性。以上信息仅供参考，如需获取更多专业信息，建议咨询桥梁工程师或查阅相关文献资料。

5.1.2 参考规范标准

（1）国家标准《建筑与桥梁结构监测技术规范》GB 50982—2014
（2）广东省标准《城市桥梁隧道结构安全保护技术规范》DBJ/T 15—213—2021
（3）广东省标准《城市桥梁检测技术标准》DBJ/T 15—87—2011

5.1.3 桥梁监测分类

桥梁工程的监测根据不同的分类方法，有多种分类，例如静力监测、动力监测等。按照桥梁工程的全寿命周期又可以分为施工过程中的监控及运营过程中的监测。

5.1.3.1 施工监控

1）一般规定

（1）在桥梁施工过程中，结构体系和荷载状况的不断变化引起结构内力和变形一直处在改变之中。由于各种不确定因素的影响，在桥梁施工各阶段，结构的实际状态与理想状态之间不可避免地存在偏差。因此，必须对桥梁结构每个施工阶段进行严格的监测与控制，及时消除或减少桥梁施工过程中出现的偏差，使桥梁施工状态最大限度地接近理想状态，并保证桥梁结构在施工过程中的安全。桥梁施工监控的最终目标是成桥后结构几何线形和内力状态满足设计要求。除了施工工艺复杂、难度较大的桥梁以外，对于其他桥型和工法，如支架上浇筑的梁桥，必要时也可以进行施工监控。

（2）桥梁施工监控的原则是实现对桥梁结构几何线形和内力状态的双控制，但对于不同的桥型结构特点和施工方法以及不同的施工阶段，控制的重点和相应的调控手段可以不同。以斜拉桥为例，在主梁合龙之前，一般以标高控制为主、索力控制为辅，即索力的控制可以适当放松，在结构安全的前提下可以适当调整索力以确保主梁线形满足设计要求；在成桥之后，一般以索力控制为主、标高控制为辅，索力的调整量应得到严格的控制，以确保结构内力状态满足设计要求。

2）施工监控原则、内容与精度

（1）桥梁施工监控的工作内容主要包括：①施工过程的仿真分析；②施工过程的现场测量；③施工过程的参数识别与预测；④施工过程的线形与内力调整。第①项工作的目的是获取施工过程桥梁的理论数据；第②项工作的目的是获取施工过程中桥梁的实测数据；在上述两项工作的基础上进行第③项工作，对桥梁的有关参数进行识别与预测；据此进行第④项工作，对桥梁施工过程实施控制。在桥梁的每一个施工阶段均应进行上述工作，不断循环，直至施工完毕。

（2）桥梁施工监控的精度要求主要包括几何（变形）监控和应力（内力）监控两方面，它们与桥梁的跨径大小、结构形式和施工方法等有关。监控单位应提出施工监控允许偏差的建议值，经与业主、设计、施工和监理等单位协商后确定施工监控的精度要求。几何（变形）和应力（内力）监控的允许偏差主要参考现行《公路桥涵施工技术规范》JTG/T 3650、《公路工程质量检验评定标准》JTG F80 及相关桥梁施工经验制定。

3）施工监控的实施

（1）桥梁施工过程仿真分析方法包括正装分析方法和倒拆分析方法。由于倒拆分析方法无法考虑混凝土时变效应（收缩徐变效应）及结构几何非线性效应的影响，也无法计入施工误差和控制调整的实际情况，因此在桥梁施工过程仿真分析中，一般采用正装分析方法。更精细的分析方法是倒拆分析方法与正装分析方法相结合的迭代计算方法。

在几何非线性分析中，一般采用拖动坐标法考虑大位移效应的影响；通过引入几何刚度矩阵考虑梁柱单元轴向变形和弯曲变形的耦合作用；而拉索垂度效应一般可以通过等效弹性模量来考虑。由于混凝土是分段浇筑、分段加载的，因此在混凝土收缩徐变效应分析中应考虑节段施工对混凝土加载龄期的影响。由于桥梁结构中的温度场分布规律复杂，因此可以将温度场的改变分解为若干分布简单的温度场的改变，如结构整体升降温、结构不同构件间温差、结构构件温度梯度等，并对每种简单温度场改变所引起的结构反应进行分析，以揭示温度对不同施工阶段下桥梁结构的影响规律。

（2）对于不同的监测内容，相应的监测系统一般包括传感器子系统、数据采集与传输子系统和数据处理子系统。在传感器子系统中应考虑测点的布置、传感器的选择、布设与保护等问题；在数据采集与传输子系统中应考虑数据的采集方式（人工采集或自动采集）与传输方式（有线传输或无线传输）；在数据处理子系统中应考虑对不同监测原始数据的分析方法，以获取真实的监测量。

①几何监测。

桥梁施工监控中的几何监测主要是对结构几何线形和轴线位置等总体几何量的观测，因此应避免在结构局部变形较大的地方布设测点。几何监测的时间宜选择在结构温度趋于均匀的时间区段内，一般宜为清晨 5:00 至 7:00 左右。

②应力监测。

应力测点应布设在结构应力状态明确的地方，避免在应力集中或受边界条件影响严重的地方布设测点，除非所布设的测点是专门用于监测上述部位的应力状态。

应变传感器及其引线的保护是一个关键的问题。对于埋入混凝土的埋入式应变传感器，应注意在混凝土浇筑和振捣过程中做好保护工作，在混凝土拆模时应避免对引线的破坏。对于表面式传感器，应防止在后续施工过程中遭坠物等砸坏。

采用应变传感器获取混凝土应变后，由于该应变中包含混凝土收缩徐变等非应力应变，因此在换算混凝土应力时应先扣除这部分非应力应变，否则将引起较大的误差。

③索力监测。

频率法测索力分三步进行：a. 在环境激励下利用加速度传感器拾取斜拉索的随机振动信号，然后通过频域分析获取斜拉索的频谱图，据此识别出斜拉索的各阶振动固有频率；b. 通过理论分析（解析法与有限元法）与现场标定，获取斜拉索索力与振动固有频率之间的对应关系；c. 把实测频率代入上述关系中，得到实测索力。可见，频率法测索力是一种间接方法，频率法的精度取决于高灵敏度拾振技术以及准确的索力与频率对应关系。

目前拉索各阶振动固有频率的测试方法已相当成熟，测试精度很高，因此提高频率法测索力的精度关键在于提高索力与频率对应关系的准确性。通过现场标定以及精细的有限元分析与函数拟合技术，可以较好地考虑拉索的抗弯刚度、垂度以及各种边界条件对索力与频率对应关系的影响，从而有效地提高频率法测索力的精度。

索力监测的时间宜选择在结构温度趋于均匀的时间区段内，一般宜为清晨 5:00 至 7:00 左右。

④参数识别与预测的方法较多，应采用成熟可靠的识别与预测方法，避免使用目前仅停留在理论研究阶段而未经工程实践检验的方法。

⑤施工调整应以及时、小范围调整为原则，尽量避免大范围、大规模的阶段性施工调整，以减少对施工进度的影响。以斜拉桥主梁施工监控为例，当上一节段主梁标高出现偏差后，一般可以调整下一节段主梁立模标高（悬浇时）或精定位标高（悬拼时）以及下一节段斜拉索张拉力，以及时消除或减少偏差，防止偏差累积。上述调整措施可以在下一阶段主梁施工时同步进行，对工期不会造成影响。应尽量避免采用费时费力的多索力调整方式（设计有特殊要求的除外）。

5.1.3.2　运营监测

1）一般规定

为保障桥梁安全及正常运营，在桥梁运营的一个较长时间段内，按照预定计划对与桥梁所承受的荷载及结构特性相关的物理量进行连续或若干次测量、比较、分析，从而指导桥梁的运营管理、养护和维修工作。桥梁运营监测的原则是及时掌握桥梁技术现状，指导桥梁的养护维修工作。

运营监测可以实现下列目的：

（1）评估分析其在所处环境条件下结构现存缺陷可能的发展势态及其对结构安全运

营造成的潜在威胁，确保结构安全运营；

（2）设定结构安全预警值。对桥梁结构的健康状态、结构安全可靠性进行评估，进而给桥梁管理部门提供等级预警信息；

（3）给出特殊事件交通管制措施控制值。对于台风、地震等特殊环境条件给予预警，以提示管理部门进行车辆通行限制；

（4）论证设计、施工两阶段的参数、假设、工艺、工法的有效性，对设计和施工进行后期验证。

自动监测是指通过传感器、网络、光纤通信、无线传输等手段对监测数据进行自动采集和远距离传输的监测方法。人工监测是指通过人工读数和记录对相关物理量进行监测的技术手段。联合监测是综合采用上述两种方法。

2）运营监测的准备工作

永久性控制监测可按照现行《公路桥涵养护规范》JTG 5120进行永久性监测网建网及复测。

桥梁几何监测、应变监测、温度监测及车辆载重监测的具体目的和意义如下：

①几何监测是为了及时发现桥梁几何尺寸和线型的变化，监测桥梁在运营期间，在活载、恒载及长期荷载作用下，桥梁各个主要断面位移变化的情况，预测桥梁病害及可能存在的危险，从而预警和掌握桥梁结构刚度变化情况及混凝土徐变作用情况；

②应力（应变）监测的目的是预警桥梁结构是否有缺损状态的可能或存在，保证桥梁强度及安全使用的要求；

③温度监测是为对不同温度状态下桥梁工作状态进行比较和分析提供数据；

④车辆载重监测的目的是为分析桥梁结构挠度变形、应力及动力性能的监测数据提供依据。

3）监测方案制定前，监测单位应熟悉设计图纸和桥梁运营状况，充分理解桥梁结构形式和使用要求，并进行合理的理论分析，在此基础上，根据桥梁结构特点和具体监测目的来制定。运营监测方案应报设计单位、桥梁管养单位审核，并由业主单位审批。根据审批意见，形成实施细则。

4）运营监测的实施

（1）监测频次是指每次采样时间间隔的长短，实施运营监测数据采集的密集程度；采样频率指某次数据采集时间段内的读数频率；采样时间是指进行数据采集的某个具体时间段。

（2）当需要对传感器进行补偿时，目前多采用与测点局部条件接近的各种无应力补偿试件，包括均匀温度变化与均匀收缩的补偿试件和徐变的补偿试件。

5.1.4　桥梁监测参数及方法

5.1.4.1　一般规定

1）在城市桥梁周边进行外部作业时，应制定包含城市桥梁保护内容的外部作业设计和施工方案，对于重大影响外部作业应加强管理，并编制安全保护专项方案，外部作业不得影响城市桥梁隧道的正常使用。

2）城市桥梁隧道沿线应设置安全保护区域，包括以下范围：

（1）桥梁垂直投影外边线外侧30m内；

（2）隧道结构外边线外侧50m内；

（3）跨江桥梁、过江隧道外边线外侧100m内。

3）在城市桥梁隧道周边，可能影响城市桥梁隧道安全的外部作业包括：

（1）桩基作业；

（2）基坑（槽）开挖作业；

（3）暗挖作业；

（4）地基处理；

（5）地下水作业；

（6）爆破（振动）作业；

（7）水中疏浚、抛填等作业；

（8）其他作业。

4）当城市桥梁隧道安全保护区域内存在不良的工程地质，或当城市桥梁隧道为不合格状态时，应提高安全保护等级。

5）城市桥梁隧道不同期建设时，先建工程应充分考虑后建工程的影响，后建工程对既有城市桥梁隧道结构的安全保护应按相关规定执行。

6）外部作业影响等级应综合考虑城市桥梁隧道重要等级地质情况、结构类型等因素，根据外部作业与城市桥梁隧道结构的接近程度及其工程影响分区确定。

7）重大影响外部作业主要包括：

（1）影响等级为特级、一级的外部作业；

（2）城市桥梁位于强烈影响区（A）、显著影响区（B）的外部作业；

（3）城市桥梁隧道为不合格状态时安全保护区域内的外部作业。

5.1.4.2 控制保护要求

1）一般规定

（1）在城市桥梁隧道安全保护区域内进行重大影响外部作业前，应进行桥梁隧道结构安全评估，制定安全保护专项方案。

（2）城市桥梁隧道结构的安全控制标准应根据外部作业影响等级和结构安全控制指标确定。

（3）结构安全控制指标值应综合城市桥梁隧道结构特点、运营安全要求、外部作业特点、结构安全现状等因素确定，且符合相关规范及政策文件规定。

（4）重大影响外部作业的安全保护专项方案应包括下列主要内容：

①既有桥梁隧道结构调查；

②外部作业设计、施工方案；

③监测方案；

④安全评估；

⑤应急预案。

（5）外部作业对城市桥梁隧道产生影响时，其作业应满足城市桥梁隧道结构的安全控制要求。

（6）外部作业过程中，对城市桥梁隧道结构的监测应能准确及时地反映结构的实际状态及外部作业对结构安全的动态影响。

（7）城市桥梁隧道安全保护区域内有多项外部作业交叉作业时，应考虑对城市桥梁隧道结构产生的叠加效应。

2）结构调查

（1）城市桥梁隧道结构调查应包括工前调查、过程管理监控及工后调查，调查应形成记录或报告。

（2）工前调查应在安全评估之前开展，收集竣工、检测、监测、养护维修等历史资料，按照现行国家、行业及地方标准和有关规定，对城市桥梁隧道的安全状态进行调查，为安全评估提供基础资料。对技术状况处于不合格状态的城市桥梁隧道，应进行专项检测。

（3）在施工过程中，当监测数据达到或超过预警值、结构出现新增病害或原有病害出现较快发展时，应展开过程管理监控，调查病害发展原因。

（4）工后调查应在外部作业完成后开展。

3）安全评估

（1）重大影响外部作业应进行安全评估，包括外部作业前评估、外部作业后评估。

（2）外部作业前评估宜采用理论分析、模型试验、数值模拟等方法，预测外部作业影响下桥梁隧道结构的抗变形能力和承载能力，确定相应的结构安全控制指标值，评估外部作业设计、施工、监测方案和桥梁隧道结构保护方案的可行性。

（3）在外部作业完成后应进行外部作业后评估。外部作业后评估工作应基于外部作业完成后桥梁隧道结构的结构调查结果和作业过程中的监测数据开展。

5.1.4.3　监测项目

1）一般规定

（1）当外部作业影响等级为特级、一级、二级以及城市桥梁隧道为不合格状态时，应对受影响的桥梁隧道结构进行监测。

（2）城市桥梁隧道结构的监测方案，应依据结构特征、技术状态、设计要求、外部作业施工方案等技术资料进行编制。

（3）监测方案中的监测布点和频率，应根据外部作业影响等级及安全评估结果确定，结合城市桥梁隧道结构变形动态调整。

（4）城市桥梁隧道结构的监测方法，应采用仪器监测与人工巡视检查相结合的方法。重大影响外部作业时，宜进行自动化监测。

（5）城市桥梁隧道结构监测新技术、新方法应用前，应与传统方法进行验证，监测精度应符合本规范的要求。

（6）城市桥梁隧道结构的监测应符合国家现行标准《工程测量标准》GB 50026、《建筑与桥梁结构监测技术规范》GB 50982 和《建筑变形测量规范》JGJ 8 等的有关规定。

2）监测项目

（1）监测项目应能及时反映外部作业对城市桥梁隧道结构安全影响的重要变化，桥梁结构的监测项目根据表 5.1-1 进行选择。

城市桥梁结构监测项目   表 5.1-1

序号	监测项目	外部作业影响等级			
		特级	一级	二级	三级
1	竖向位移	应测	应测	宜测	宜测
2	水平位移	应测	应测	宜测	宜测
3	基础沉降	应测	应测	应测	宜测
4	墩台倾斜	应测	应测	宜测	可测
5	地基深层水平位移	应测	应测	宜测	可测
6	结构裂缝	应测	应测	应测	宜测
7	结构应变	应测	应测	宜测	可测
8	振动速度	应测	应测	宜测	可测

（2）当外部作业需进行爆破时，应监测桥梁与隧道结构的振动速度。

（3）监测位置应布置在监测对象变形和内力的关键特征点上，监测点的布置要求应符合表 5.1-2 的规定。地下结构曲线段监测断面的间距应加密布置。

城市桥梁结构测点布置要求   表 5.1-2

序号	监测项目	监测位置	测点布置位置
1	竖向位移	支点、L/4 截面、跨中截面	桥梁截面外表面易于观测的位置
2	水平位移	支点	桥梁截面外表面易于观测的位置
3	基础沉降	支点	桥墩底部或承台位置
4	墩台倾斜	桥墩、桥台	墩台身
5	地基深层水平位移	基础	基础周边的地基中
6	结构裂缝	结构裂缝位置	裂缝两侧均匀布置
7	结构应变	支点、跨中截面	截面顶面、底面及中性轴位置
8	振动速度	跨中截面	截面顶面

5.1.4.4 监测频率

（1）城市桥梁隧道结构的监测频率，应能系统反映监测对象所测项目的重要变化过程及其变化时刻。当监测数据接近城市桥梁隧道结构安全控制指标的预警值时，应提高监测频率；当发现城市桥梁隧道结构有异常情况或外部作业有危险事故征兆时，加密监测频率应集合专家会议意见，采取针对性的应急监测方案，最低监测频率应符合表 5.1-3 的规定。

最低监测频率　　　　　　　　　　　　　　　　表 5.1-3

外部作业影响等级及外部施工工况	特级、一级作业	二级作业	三级作业
支护结构施工阶段	1 次/天	1 次/天	1 次/天
开挖阶段	3 次/天	2 次/天	1 次/天
地下工程实施阶段	3 次/天	2 次/天	1 次/天
地下工程完成并回填基坑后	1 次/3 天	1 次/7 天	1 次/7 天
达到预警值或出现险情	6 次/天	4 次/天	2 次/天

（2）城市桥梁隧道结构的监测周期，应从测定监测项目初始值开始，至外部作业完成且监测数据趋于稳定后结束。

（3）监测项目的初始值应在外部作业实施前测定，应取至少连续测量 3 次的稳定值的平均数作为初始值。

5.1.4.5　监测预警

（1）监测预警等级划分及应对管理措施应符合表 5.1-4 规定（监测比值 G 为监测项目实测值与结构安全控制指标值的比值）。

最低监测频率　　　　　　　　　　　　　　　　表 5.1-4

监测预警等级	监测比值 G	应对管理措施
A	$G < 0.6$	可正常进行外部作业
B	$0.6 \leqslant G < 0.8$	检测报警，并采取加密监测点或提高监测频率等措施加强对城市桥梁隧道结构的监测
C	$0.8 \leqslant G < 1.0$	应暂停外部作业，制定相应的安全保护措施
D	$G \geqslant 1.0$	启动安全应急预案

（2）城市桥梁结构墩台基础不均匀沉降安全控制指标值不应超过设计允许变形值。

（3）当外部作业需进行爆破时，桥梁结构的振动速度控制值为 2.5cm/s，预警值为 1.5cm/s。

（4）城市桥梁结构原有病害出现较快发展或出现新增病害时应预警。

5.2　前期准备工作

5.2.1　现场踏勘

项目开始前需实地了解现场施工进度及周边环境情况，现场踏勘关键内容包含：

（1）了解建设方和相关单位对监测的要求；

（2）工地所处地理位置、交通情况；

（3）工地现实状况面貌、用地范围、周围情况；

（4）关键核查周围管线、建（构）筑物类型和分布是否和相关资料一致，有没有其他未知情况，并推测基坑开挖对这些邻近环境影响程度，初步确定监测关键或难点。

5.2.2 监测方案

5.2.2.1 资料收集

资料内容最少包含：
（1）桥梁设计文件；
（2）岩土工程勘察报告；
（3）桥梁影响范围内地下管线图及地形图；
（4）周围建（构）筑物情况（建筑年代、基础和结构形式）；
（5）施工组织设计（施工工期计划）；
（6）其他需要的相关资料。

5.2.2.2 方案编写

监测方案宜包含以下内容：
（1）工程概况、周边环境情况；
（2）监测依据及目的；
（3）工程监测风险源分析及应对措施；
（4）监测内容及监测点布设原则；
（5）基准点、工作基点、监测点的布设及监测方法；
（6）监测人员配备及使用的主要仪器设备；
（7）监测周期及监测频率；
（8）监测组织与实施；
（9）现场安全巡视；
（10）监测数据整理、分析与信息反馈；
（11）监测预警、异常及危险情况下的监测措施；
（12）监测工作质量目标及保证措施；
（13）安全文明作业保证措施；
（14）工期及保证措施；
（15）监测布置图及工程地质剖面图；
（16）人员资质及仪器检定证书。

5.2.2.3 方案专家论证

1）专家论证

参考国家标准《建筑与桥梁结构监测技术规范》GB 50982—2014及广东省标准《城市桥梁隧道结构安全保护技术规范》DBJ/T 15—213—2021，监测方案需进行专项论证。

专家评审前监测方案应经过监测单位审核和总监理工程师审查。监测方案按评审要求修改后，经监测单位技术负责人审核签字、加盖单位公章，并由设计、监理、建设单位审查后方可实施。

2）专家论证前准备工作

（1）专家论证前的监测方案需经监理签字盖章；

（2）与施工单位确定好方案评审时间和会议地址；

（3）联系专家，和专家确定好时间、地址并把方案提前发给专家熟悉；

（4）准备好方案审查表；

（5）提前半小时到达会议现场，检查资料是否齐全；

（6）方案专家论证汇报；

（7）介绍与会各方；

（8）选取专家组长；

（9）汇报方案：

主要介绍桥梁等级、监测范围、周边环境、监测重难点及采取的措施、监测内容数量及监测方法等。

（10）参建各方补充；

（11）专家提问；

（12）专家汇总意见并宣读；

（13）专家署名。

5.2.3　安全交底

进场作业之前由公司（部门）安全负责人和项目负责人对现场作业人员进行安全教育，签署安全技术交底表（一式两份），留档备查。

5.3　正式监测

5.3.1　监测点要求

桥梁监测测点应符合下列规定：

（1）应反映监测对象的实际状态及变化趋势，且宜布置在监测参数值的最大位置；

（2）测点的位置、数量宜根据结构类型、设计要求、施工过程、监测项目及结构分析结果确定；

（3）测点的数量和布置范围应有冗余量，重要部位应增加测点；

（4）可利用结构的对称性，减少测点布置数量；

（5）宜便于监测设备的安装、测读、维护和替代；

（6）不应妨碍监测对象的施工和正常使用；

（7）在符合上述要求的基础上，宜缩短信号的传输距离。

5.3.2　监测设备要求

（1）监测设备的选择应符合监测期、监测项目与方法及系统功能的要求，并具有稳定性、耐久性、兼容性和可扩展性；

（2）测得信号的信噪比应符合实际工程分析需求；

（3）在投入使用前应进行校准；

（4）应根据监测方法和监测功能的要求选择安装方式，安装方式应牢固，安装工艺及耐久性应符合监测期内的使用要求；

（5）安装完成后应及时现场标识并绘制监测设备布置图，存档备查；

（6）传感器的选型应根据监测对象、监测项目和监测方法的要求，遵循"技术先进、性能稳定、兼顾性价比"的原则；

（7）宜采用具有补偿功能的传感器；

（8）传感器应符合监测系统对灵敏度、通频带、动态范围、量程、线性度、稳定性、供电方式及寿命等要求。

5.3.3 监测设备作业环境要求

（1）信号电缆、监测设备与大功率无线电发射源、高压输电线和微波无线电信号传输通道的距离宜符合现行国家标准《综合布线系统工程设计规范》GB 50311 的相关要求；

（2）监测接收设备附近不宜有强烈反射信号的大面积水域大型建筑、金属网及无线电干扰源；

（3）采用卫星定位系统测量时，视场内障碍物高度角不宜超过 15°。

5.3.4 监测数据采集及处理

5.3.4.1 振动监测

1）振动监测应包括振动响应监测和振动激励监测，监测参数可为加速度、速度、位移及应变。

2）振动监测的方法可分为相对测量法和绝对测量法。

3）相对测量法监测结构振动位移应符合下列规定：

（1）监测中应设置有一个相对于被测工程结构的固定参考点；

（2）被监测对象上应牢固地设置有靶、反光镜等测点标志；

（3）测量仪器可选择自动跟踪的全站仪、激光测振仪、图像识别仪。

4）绝对测量法宜采用惯性式传感器，以空间不动点为参考坐标，可测量工程结构的绝对振动位移、速度和加速度，并应符合下列规定：

（1）加速度量测可选用力平衡加速度传感器、电动速度摆加速度传感器、ICP 型压电加速度传感器、压阻加速度传感器；速度量测可选用电动位移摆速度传感器，也可通过加速度传感器输出于信号放大器中进行积分获得速度值；位移测量可选用电动位移摆速度传感器，输出于信号放大器中进行积分获得位移值；

（2）结构在振动荷载作用下产生的振动位移、速度和加速度应测定一定时间段内的时间历程。

5）振动监测数据采集与处理应符合下列规定：

（1）应根据不同结构形式及监测目的选择相应采样频率；

（2）应根据监测参数选择滤波器；

（3）应选择合适的窗函数对数据进行处理。

6）动应变监测设备量程不应低于量测估计值的 2～3 倍，监测设备的分辨率应满足最小应变值的量测要求，确保较高的信噪比。振动位移、速度及加速度监测的精度应根据振动频率及幅度、监测目的等因素确定。

7）动应变监测应符合下列规定：

（1）动应变监测可选用电阻应变计或光纤类应变计；

（2）动态监测设备使用前应进行静态校准。监测较高频率的动态应变时，宜增加动态校准。

5.3.4.2　应变监测

1）应变监测可选用电阻应变计、振弦式应变计、光纤类应变计等应变监测元件进行监测。

2）应变计宜根据监测目的和工程要求，以及传感器技术、环境特性进行选择。

3）应变计应符合下列基本规定

（1）量程应与量测范围相适应，应变量测的精度应为满量程的 0.5%，监测值宜控制为满量程的 30%～80%；

（2）混凝土构件宜选择大标距的应变计；应变梯度较大的应力集中区域，宜选用标距较小的应变计；

（3）应变计应具备温度补偿功能。

4）选用不同类型的应变传感器应符合下列规定：

（1）电阻应变计的测量片和补偿片应选用同一规格产品，并进行屏蔽绝缘保护；

（2）振弦式应变计应与匹配的频率仪配套校准，频率仪的分度值不应大于 0.5Hz；

（3）光纤解调系统各项指标应符合被监测对象对待测参数的规定；

（4）采用位移传感器等构成的装置监测应变时，其标距误差应为 ±1.0%，最小分度值不宜大于被测总应变的 1.0%。

5）应变传感器的安装应符合下列规定：

（1）安装前应逐个确认传感器的有效性，确保能正常工作；

（2）安装位置各方向偏离监测截面位置不应大于 30mm；安装角度偏差不应大于 2；

（3）安装中，不同类型传感器的导线或电缆宜分别集中引出及保护，无电子识别编号的传感器应在线缆上标注传感器编号；

（4）安装应牢固，长期监测时，宜采用焊接或栓接方式安装；

（5）安装后应及时对设备进行检查，满足要求后方能使用，发现问题应及时处理或更换；

（6）安装稳定后，应进行调试并测定静态初始值。

6）应变监测应与变形监测频次同步且宜采用实时监测。

7）应变监测数据处理应符合下列规定：

采用电阻应变计量测时，按下列公式对实测应变值进行导线电阻修正：

半桥量测时：

$$\varepsilon = \varepsilon'\left(1 + \frac{r}{R}\right)$$

全桥量测时：

$$\varepsilon = \varepsilon'\left(1 + \frac{2r}{R}\right)$$

5.3.4.3 变形监测

（1）变形监测可分为水平位移监测、垂直位移监测、三维位移监测和其他位移监测。

（2）根据监测仪器的种类，监测方法可分为机械式测试仪器法、电测仪器法、光学仪器法及卫星定位系统法。

（3）应根据结构或构件的变形特征确定监测项目和监测方法。

（4）变形监测应建立基准网，采用的平面坐标系统和高程系统可与施工采用的系统一致。局部相对变形测量可不建立基准网，但应考虑结构整体变形对监测结果的影响。

（5）变形基准值监测应减少温度等环境因素的影响。

（6）变形监测的结果应结合环境及效应监测的结果进行修正。

（7）变形监测仪器量程应介于测点位移估计值或允许值的 2～3 倍；采用机械式测试仪器时，精度应为测点位移估计值的 1/10。

5.3.4.4 裂缝监测

裂缝监测参数包括裂缝的长度和宽度，监测中应符合下列规定：

（1）裂缝长度和较大裂缝的宽度可采用钢尺或机械式测试仪器法测量。直接测量时可采用裂缝宽度检验卡、电子裂缝观察仪，每个测点每次量测不宜少于 3 次；裂缝宽度检验卡最小分度值不宜大于 0.05mm；利用电子裂缝观察仪时，量测精度应为 0.02mm；

（2）对于宽度 1mm 以下的裂缝，可采用电测仪器法，仪器分辨率不应大于 0.01mm；

（3）需监测裂缝两侧两点位移的变化时可用结构裂缝监测传感器，传感器包括振弦式测缝计、应变式裂缝计或光纤类位移计，传感器的量程应大于裂缝的预警宽度，传感器测量方向应与裂缝走向垂直；

（4）已发生开裂结构，宜监测裂缝的宽度变化；尚未发生开裂结构，宜监测结构的应变变化。

5.3.4.5 温湿度监测

1）温湿度监测可包括环境及构件温度监测和环境湿度监测。

2）大体积混凝土温度监测应按现行国家标准《大体积混凝土施工标准》GB 50496 有关规定执行。

3）温度监测精度宜为±0.5℃，湿度监测精度宜为±2%RH。

4）环境及构件温度监测应符合下列规定：

（1）温度监测的测点应布置在温度梯度变化较大位置，宜对称、均匀，应反映结构竖向及水平向温度场变化规律；

（2）相对独立空间应设 1～3 个点，面积或跨度较大时以及结构构件应力及变形受环境温度影响大的区域，宜增加测点；

（3）大气温度仪可与风速仪一并安装在结构表面，并应直接置于大气中以获得有代表性的温度值；

（4）监测整个结构的温度场分布和不同部位结构温度与环境温度对应关系时，测点宜覆盖整个结构区域；

（5）温度传感器宜选用监测范围大、精度高、线性化及稳定性好的传感器；

（6）监测频次宜与结构应力监测和变形监测保持一致；

（7）长期温度监测时，监测结果应包括日平均温度、日最高温度和日最低温度；结构温度分布监测时，宜绘制结构温度分布等温线图。

5.3.5　监测成果展示

1）监测日报、简报、月报的主要内容

（1）施工工况

包括桥梁施工进度情况及周边邻近其他单位施工的情况（施工内容、方法、进度等）。

（2）监测工作情况

包括监测点变更情况和理由，当工程出现变形异常时，发出预警或报警的监测资料情况和监测频率变动情况的说明，监测工作存在的问题等。

（3）监测成果分析及变形趋势预测分析

分项做出分析和结论。对监测点（尤其是变形大的点）做出当月（周）的综合分析，指出"变化趋势"是否趋于稳定，做出该点变形对周围环境的影响是否安全的评价。对服务商的监测资料作关联分析。结合水位变化、周围工况和地质条件分析变形较大的原因（变形较小的正常点也可以分类合并说明）。

（4）结论及建议

在数据分析的基础上，对本期变形给出结论性意见，对数据异常或超出预警值的测点，从监测与施工两方面提出改进的措施。

（5）各监测项目变化曲线图

①等沉降曲线图（适合于沉降监测项目）；②深度—位移曲线图（适合于位移监测项目）；③变形收敛图（适合于位移监测项目）。

（6）监测成果表汇总

按规定的格式分项归类、汇总，各测点的监测数据按监测日期顺序准确填报，填表者、校核者应签名。

（7）监测点分布示意图

图上监测点号与监测成果表中的点号相一致，如有新增点或变更点，在新增或变更当月表示在示意图上。

注：在遇到观测值变化速率加快，或者自然灾害如暴雨、台风、地震等情况时，以日报方式或随时向业主报告监测结果；当变形值或变形速率达到变形控制标准值时，立即口头上报相关各方，并于24h内提交书面报告。

2）监测日报、简报、月报的时效

（1）日报

当日监测结束后发监测日报。

（2）简报

监测频率大于两天一次，宜每周出一次简报；

监测频率小于两天一次，宜每两周出一次简报；

简报周期不宜大于半个月，工地有特殊要求除外。

（3）月报

每月最后一次盖章前完成一次月报，并上传住建系统。

5.4 监测结束

5.4.1 工作量确认表

1）监测日常工作量确认表

日常工作量确认表包含内容（表5.4-1）：①工程名称；②监测项目类别；③监测时间；④监测项目点号及点次；⑤确认人签名。

监测日常工作量确认表每次监测完现场联系监理确认签字。

工作量确认表   表 5.4-1

监测日期	监测项目及工作量描述								确认人
	坑顶水平位移	坑顶竖向位移	深层水平位移	立柱沉降	支撑内力、锚索拉力	周边建筑物、管线沉降	周边地表沉降	地下水位	
	计：点·次	计：点·次	计：孔·次	计：点·次	计：组·次	计：点·次	计：点·次	计：孔·次	
	计：点·次	计：点·次	计：孔·次	计：点·次	计：组·次	计：点·次	计：点·次	计：孔·次	
	计：点·次	计：点·次	计：孔·次	计：点·次	计：组·次	计：点·次	计：点·次	计：孔·次	
	计：点·次	计：点·次	计：孔·次	计：点·次	计：组·次	计：点·次	计：点·次	计：孔·次	
	计：点·次	计：点·次	计：孔·次	计：点·次	计：组·次	计：点·次	计：点·次	计：孔·次	
	计：点·次	计：点·次	计：孔·次	计：点·次	计：组·次	计：点·次	计：点·次	计：孔·次	
小计：									
备注：	初始值观测两次，计2点·次								

2）技术服务工作量确认表

技术服务工作量确认表包含内容：①工程名称及编号；②委托单位；③监测时段；④工程地点；⑤委托部门；⑥项目进度；⑦工程量确认表编号；⑧完成工程量内容；⑨三方（监测单位、监理单位和委托单位）签字盖章确认。

工作量确认表签署时效（表5.4-2）：

（1）月产值小于等于10万元，宜每三个月签一次工作量确认表；

（2）月产值大于10万元、小于等于20万元，宜每两个月签一次工作量确认表；

（3）月产值大于20万元，宜每月签一次工作量确认表。

工程量确认表　　　　　　　　　　　　表 5.4-2

合同编号		委托单位	
合同名称		工程地点	
监测时段		责任部门	
项目进度	是□　否□　全部完工	工作量确认表编号	
委托工作量（含委托监测内容、计价单位、委托监测数量）			
完成工作量（含实际检测内容、计价单位、实际检测数量）	服务单位确认： 日期：　　　年　　月　　日		
监理单位审核确认	签名： 日期：　　　年　　月　　日		
委托单位审核确认	签名： 日期：　　　年　　月　　日		
备注			

5.4.2　完工报告

工程结束时应提交完整的监测报告，监测报告是监测工作的回顾和总结，项目完工后一周内完成完工报告编制工作，监测报告主要内容：

①工程概况；②监测依据；③监测项目；④监测点布置；⑤监测设备和监测方法；⑥监测频率；⑦监测报警值；⑧各监测项目全过程的发展变化分析及整体评述；⑨监测工作结论与建议。

5.5 监测管理

5.5.1 人员管理

（1）项目监测人员应经过培训并且经过公开考评，有对应资格和上岗授权证实后方可正式上岗。

（2）培训中人员应在持证人员监督下方可进行工作，并由监督人员负责其行为结果。

（3）项目负责人应具有中级及以上职称，项目其他人员应持有基坑监测量测技术证书。

（4）项目负责人作为项目最高管理人员，应对监测项目担负全方面管理职责。

5.5.2 仪器管理

（1）应选择或采购符合本项目监测精度要求的各类仪器。

（2）仪器应标定，正确张贴标识，并在使用期内使用。

（3）仪器应有流转统计。

（4）仪器使用时应正确根据操作说明进行，用后应清洁维护保养，正确置放，并做好使用统计。

（5）仪器出现故障或意外损坏，应立即通知企业相关部门，经处理并核定可用后方可继续使用。

5.5.3 材料管理

（1）监测材料应由项目经理预先编制采购进场计划，并报送企业相关部门。

（2）应选择或采购符合本项目监测要求的各类监测材料（尤其是各类传感器量程、分辨率、精度、导线长度等）。

（3）到场材料必须进行数量、规格、技术指标和质量验收，并填写验收单。不符合要求时应立即通知企业相关部门协同处理。

（4）对不能立即安装，需要临时存放材料，应注意存放保护要求，避免气候、环境、施工作业等原因造成监测材料性能下降甚至损坏等情况。

参考文献

[1] 李明, 王强, 张伟. 基坑监测技术的研究与应用[J]. 岩土工程学报, 2015, 37(S2): 1-6.

[2] 刘建波, 张晓明, 李晓东. 边坡监测技术研究进展[J]. 工程地质学报, 2016, 24(5): 785-794.

[3] 杨建平, 王海波, 张建国. 主题结构健康监测技术研究综述[J]. 振动工程学报, 2017, 30(3): 295-303.

[4] 张伟, 李明, 王强. 基坑监测数据分析方法研究[J]. 岩土力学, 2014, 35(S1): 565-570.

[5] 王强, 李明, 张伟. 基坑监测数据异常识别方法研究[J]. 岩土力学, 2016, 37(7): 1953-1960.

[6] 陈国兵, 王道伟, 李永乐. 边坡监测预警系统设计与应用[J]. 岩土工程学报, 2013, 35(S2): 2736-2741.

[7] 张晓明, 刘建波, 李晓东. 边坡稳定性分析中的监测量反演方法[J]. 岩石力学与工程学报, 2015, 34(7): 1315-1324.

[8] 李晓东, 张晓明, 刘建波. 边坡水文地质条件对监测数据的影响分析[J]. 水文地质工程地质, 2017, 44(2): 1-7.

[9] 王海波, 杨建平, 张建国. 主题结构损伤识别方法研究进展[J]. 振动与冲击, 2015, 34(21): 1-9.

[10] 杨建平, 王海波, 张建国. 主题结构健康监测中的数据压缩技术研究[J]. 仪器仪表学报, 2016, 37(5): 1037-1044.

[11] 张建国, 杨建平, 王海波. 主题结构损伤诊断方法研究进展[J]. 振动工程学报, 2014, 27(2): 154-160

[12] 钱七虎, 陈祖煜, 陈凯. 深基坑工程监测理论与技术[M]. 北京: 科学出版社, 2010.

[13] 李宁, 赵明华, 杜修力. 边坡工程监测新技术及应用[M]. 北京: 科学出版社, 2013.

[14] 何小涛, 刘汉龙, 李爱群. 主体结构健康监测与诊断技术[M]. 北京: 科学出版社, 2012.

[15] 陈文斌, 谢友均, 黄鹏. 基坑支护结构监测分析方法[J]. 建筑结构, 2015, 45(19): 96-100.

[16] 刘汉龙, 何小涛, 李爱群. 结构健康监测中的信号处理方法研究进展[J]. 振动与冲击, 2016, 35(12): 82-88.

[17] 杨阳, 张伟, 李明. 基坑监测自动化系统设计与应用[J]. 岩土力学, 2017, 38(S2): 229-234.

[18] 李爱群, 刘汉龙, 何小涛. 结构健康监测中的数据融合技术研究[J]. 振动工程学报, 2015, 28(5): 735-740.

[19] 张伟奇, 陈祖煜, 钱七虎. 深基坑监测数据分析与评价方法[J]. 岩土力学, 2011, 32(S1): 2981-2986.

[20] 何川, 吴启宏, 王凯. 高边坡稳定性分析与监测预警方法[J]. 岩土力学, 2016, 37(6): 1633-1640.

[21] 姜文峰, 赵阳, 潘一山. 主体结构健康监测中的模态参数识别方法[J]. 震灾防御技术, 2014, 9(1): 1-3.

[22] 曹栋, 周锐, 张伟奇. 深基坑监测数据分析方法研究[J]. 岩土工程学报, 2012, 34(S2): 3077-3082.

[23] 李永乐, 陈国兵, 王道伟. 滑坡监测预警系统关键技术研究[J]. 岩土力学, 2015, 36(9): 2461-2468.

[24] 魏建华, 张伟奇, 曹栋. 基坑监测信息化管理系统设计与应用[J]. 岩土力学, 2014, 35(S2): 989-994.

[25] 张伟奇, 曹栋, 魏建华. 深基坑变形监测数据分析方法[J]. 岩土力学, 2013, 34(9): 2609-2616.

[26] 刘汉龙, 杨伟杰, 何小涛. 结构健康监测的发展现状与展望[J]. 建筑结构, 2017, 47(18): 1-9.

[27] 吴启宏, 何川, 王凯. 边坡工程稳定性评价与监测预警研究进展[J]. 水利水电科技进展, 2015, 35(5): 27-33.

[28] 林峰, 黄鹏, 谢友均. 基坑支护结构监测系统设计与应用[J]. 建筑结构, 2016, 46(16): 93-97.

[29] 陈凯, 陈祖煜, 钱七虎. 深基坑变形监测技术的新进展[J]. 岩土工程学报, 2009, 31(1): 1-10.

[30] 赵阳, 姜文峰, 潘一山. 主体结构健康监测中的损伤识别方法研究[J]. 振动与冲击, 2013, 32(21): 126-131.